城镇生活垃圾分类监管治理

——湖州实践与中国思考

裴丽　颜亮　著

中国建筑工业出版社

图书在版编目（CIP）数据

城镇生活垃圾分类监管治理：湖州实践与中国思考 /
裘丽，颜亮著 . —北京：中国建筑工业出版社，2022.9（2024.3重印）
ISBN 978-7-112-27572-4

Ⅰ.①城… Ⅱ.①裘… ②颜… Ⅲ.①城镇—生活废
物—垃圾处理—监督管理—湖州 Ⅳ.①X799.305

中国版本图书馆CIP数据核字（2022）第111433号

责任编辑：徐明怡　张健
责任校对：张惠雯　赵菲

城镇生活垃圾分类监管治理
——湖州实践与中国思考

裘丽　颜亮　著

*

中国建筑工业出版社出版、发行（北京海淀三里河路9号）
各地新华书店、建筑书店经销
北京点击世代文化传媒有限公司制版
建工社（河北）印刷有限公司印刷
*

开本：880毫米×1230毫米　1/32　印张：8　字数：223千字
2023年4月第一版　2024年3月第二次印刷
定价：**37.00**元
ISBN 978-7-112-27572-4
　　（39750）

目　录

导　言

　　人口、经济、城市化和工业化的快速增长令全球生活垃圾的产生增速，环境污染压力增加。尤其当生活垃圾不能有效管理甚至失控时，会产生露天堆放、露天焚烧、电子电器废弃物及废旧电池的不当处理等问题，甚至产生大量流动的河流或海洋垃圾。这不仅会影响环境美观，更产生臭气、污染空气、排放温室气体，也会滋生病菌，损害健康。垃圾中的有害物如氨、氯化物、重金属等进入土壤、地表水、地下水，带来更深层次的污染。一些微塑料在河流和海洋中的扩散问题也十分严峻，在水生生物中已经形成摄入链条，最终都将回归到人体，影响人类生活本身，成为"生活垃圾——环境和社会"互为因果的循环。因此，生活垃圾同时具有点源污染和面源污染的特性，需要在硬件系统上加强基础设施建设，来支持生活垃圾的收集、运输、处理和最终处置，在软件系统上更需要源头管控、过程管理、财政资源、专有技术以及公众态度的转变和集体行动的支持等。

　　城镇由于人口稠密和消费主导的生活方式产生了最大量的生活垃圾，给属地的地方政府带来了巨大的管理压力。我们从实地调研和实践经验中感知到，如果生活垃圾的管理系统主要由作为一种相对单纯的公共服务来处理而加强监管和投入，但忽略了参与并负责其生命周期的许多其他行为者的话，垃圾分类管理的效果并不理想，哪怕通过"试点变经典"，也很难最终达到"星星之火可以燎原"之势。于是我们的实践研究拓宽了以往城镇生活垃圾分类管理的框架，引入了"监管治理"的概念，该概念所表达的核心意涵为：个人、团体或行动者网络以不同的激励和能力水平采取行动，保护、关心或负责任地参与到生活垃圾分类监管治理过程中，以追求实现环境和社会目标。

传统的监管主要有三种制度类型：基于惯例的监管、基于系统或标准的监管以及基于绩效的监管，这三种制度各有一定缺点。如基于惯例的监管不一定有专业规范和专业责任，基于系统或标准的监管追求一致性，也可能会导致监管的僵化或缺乏监管的充分性，追求绩效的监管难以评估或预测绩效等。因此在监管治理现实中，越来越倾向于"监管多元化"制度。选择监管多元化制度，需要以公共利益和应用情境为基础，地方政府的监管治理正好能恰当地将适宜的监管制度和治理的目标、对象、情境等融合在一起，形成一种具有共同责任的监管治理体系。已有学者将此称之为"管家式监管治理"（stewardship）体系。在管家式监管治理体系范畴内，政府和其他参与者都实施共同照看环境的责任，政府部门之间也比以前更多地将"政策组合"和"监管治理过程性工具"作为协作监管的工具，突破了一直以来使用的"奖励（胡萝卜）"或"惩罚（大棒）"或"宣传（布道）"等传统政策和监管治理工具。可见，地方政府的监管治理最终以"政策组合"和"监管治理过程性工具"的创新路径服务于各种目的，它们有助于解决跨越不同领域的特定公共政策挑战的特定问题，也有助于同时处理同一政策的不同角度，跨越不同的子部门或地理位置，有助于解决组合问题/部门的政策和监管治理挑战。在当前生活垃圾问题十分严峻的时代里，我们需要更具适应性和创新的方式来设计政策和监管治理工具以便能够优化问题的转变和行为本身的改变。

事实上，生活垃圾除了环境污染的特征，它还具备了资源的特征，是一种"放错地方的资源"。把生活垃圾放在有效的监管治理框架下，资源特征体现出的好处是显而易见的。如在世界范围内，依然存在着相当数量的非正规机构和垃圾自由拾捡者，特别是在中低收入城市，相关人士负责收集大量可回收生活垃圾，自发形成可回收材料的选择性收集系统。在经济危机时期，这些民间自发回收活动往往加剧。有些城市，如埃及的开罗，有机垃圾（湿垃圾、易腐垃圾）还被自发妥善处理用于饲养牲畜或回归农业；如印度的丹巴德市，存在着大量的非正式回收者，他们在生活塑料的回收管理中发挥重要作用，从垃圾填埋场中回收塑料废物，产生环境和社会效益；如哥伦比亚的波哥大市，垃圾废物自由市场促进了大量的人口移民到城市，也为大量失业的人口提供了收入来源。中国的城市也不例外，尤其是中小城市和低收入社区存在大量垃圾自由拾捡者。但这些在解决垃圾资源回收利用可持续性问题的同时，也面临着中间商剥削、童工和高职业健康风险等问题，还会产生垃圾二次污染问题。如何将其纳入正式的生活垃圾分类监管治理系统仍然是一个问题。

城镇生活垃圾分类的监管治理是一个非常复杂并具有挑战性的公共管理过程，它具有十分鲜明的本地属性，需要依靠本地公共管理者的能力、技术和社会实力来实现，因此一个好的"案例"十分难得。湖州是"绿水青山就是金山银山"理念的发源地，2005 年时任浙江省委书记的习近平同志在湖州安吉余村考察时首次提出了"绿水青山就是金山银山"的理念。2020 年，习近平总书记时隔 15 年再次亲临湖州考察，赋予湖州"再接再厉、顺势而为、乘胜前进"的新期望和新要求，为湖州的绿色发展进一步指明了方向。17 年来，湖州对"绿水青山就是金山银山"的践行已经辐射到各个领域。在社会治理领域中的生活垃圾分类的监管治理，垃圾不落地，垃圾减量、有效循环和利用等，都是守护"绿水青山"的支持力。湖州市城镇生活垃圾分类的监管治理实践已经连续三年获得浙江考评第一，也在全国中小城市生活垃圾分类工作评估中名列前茅，这足够让我们对其加以深入研究，进而思考中国城镇生活垃圾分类的管理关键。

在研究过程中，我们发现基于"过程—结构"的视角能充分地挖掘该案例对象的过程细节和结构理论要素，正如本书两位作者的背景组合，一位来自理论研究，一位来自实践管理，不同背景的融合和对话，产生了很多默契的解释性论点和有意思的研究发现。因此，本研究是一边实践、一边调研、一边总结、一边思考的阶段性成果。当然我们的实践总结并不只是为了得出类似于"普通药方"一样的工具或做法。这些或许能提供有用的帮助，但即使是好的管理实践，其结果也可能千差万别。虽然我们从好的一面去展开实践研究，所得出的结论也并不一定"好用"，何况事物总有阴阳两面，所以，最后我们以"哲理性、整体性、忧患性"等视角提出几个方面的中国思考，希望能为生活垃圾分类的监管治理者提供抛砖引玉的作用。

具体而言，本书由如下 6 章组成：

第 1 章为"'监管治理'：政府和社会的双循环"。本章从"垃圾产权流程"变化的分析出发，理论上阐述了生活垃圾分类的源头是生产和服务环节，因此生产和服务环节首先要考虑垃圾减量的问题，其次是消费者或生活家庭需要考虑垃圾分类的参与和精准问题，再次是市场解决垃圾的资源化以及整合社会资源的再利用问题，最后政府作为垃圾公共产权的代理人，需要对最终的垃圾进行无害化处理。由于不同产权流程中"垃圾产权人"不同，分别对应"减量率、参与率和精准率、资源化率、再利用率、无害化率"等不同目标，因此以政府主导的监管治理具有理论上的必要性。接下来，本章分析了我国的城市生活垃圾分类历史沿革，阐释了管理实践中，我国生活垃圾分类社会化的过程，以住建部主导的各层级间协同的监管治理网络系统以及地方政府的监管治理演进对于我国城市生活垃圾分类制度化的重要作用。最后，结合生活垃圾分类地方监管治理的分析框架和国外案例，进一步阐述了生活垃圾分类监管治理的理论和实践意义。第 1 章的研究，为实践研究对象"湖州市城镇生活垃圾分类的监管治理"提供了理论指导和支持。

第 2 章为"湖州市城镇生活垃圾分类监管治理的现状及评价"。本章从湖州市构建的生活垃圾"4+3+N"分类体系入手，梳理了该分类体系下地方政府的监管治理制度及其实施的发展历程和各区县实施特点，通过详细回顾相关历程，我们认为湖州市城镇生活垃圾分类的监管治理具有一定的效应。接着，本章继续顺着制度化和实施两条路径对其进行基于本地政策参数、处理参数和管理参数的评价，一定程度上能够说明湖州市城镇生活垃圾分类的监管治理具有积极的作用。但本研究的根本目的并不是证明其有效性，事实上，评价"湖州市城镇生活垃圾分类监管治理是否真的有效？"就犹如回答"中国的城镇生活垃圾监管治理是否有效？"一样不仅困难，更有"有效又如何？"的无奈。毕竟生活垃圾的监管治理属于更具整体性的社会治理领域，应包含物质经济价值、生态环境价值以及社会即人的全面价值等多元价值的结构性协调，以获得整体发展的最佳均衡效益。于是我们基于"过程—结构"视角来考察其"有用性"，或许更符合公共管理者不断在理论与实践互动中提升管理能力的需求。因此梳理了那些"重要的公共管理者"所组成的行动网络，发现他们是通过"以评促建"的机制方式推动了该行动网络的建设，同时也总结分析了作为重要保障的制度因素的相关特点，为后续详细展开对其"过程"背后的"结构性"要素或机制的探索提供了基础。

第3章为"湖州市城镇生活垃圾分类监管治理的实践特色机制"。本章对湖州市生活垃圾监管治理"过程"背后的"结构性"机制进行了研究和探索，从标杆理论出发，提出了生活垃圾监管治理过程中强调的示范效应，结合到湖州的实践中，就是单位强制性分类制度化的推行。单位强制性分类的制度化促进了分类行为从单位、个人辐射到家庭再到社区的积极影响，并且也促进了湖州市生活垃圾处理的生命周期管理，为后续的监管治理提供了良好的基础。为了研究单位强制性分类是如何以基层监管治理的形式带动全市的垃圾分类，我们重点分析了其中的监管治理空间营造机制，分别从制度与法律设置、组织结构网络、市场运行属性与特征、历史传统、其他因素对单位强制性分类的影响，以此提出了对整体垃圾分类监管治理的启示。单位强制性分类制度化所带来的另一个积极影响是，政府各部门"由内而外"针对垃圾分类的改革措施促进了基层公共管理者自身的专业知识和相关能力的提升以及价值观升华，也为他们进行集体行动治理和引导大规模社会创新打下了良好的基础。垃圾监管治理的过程中，由"邻避效应"产生的问题是无法避开的典型难题，结合到湖州市的实践中，垃圾站的建设、分类的推进和分类奖励的反向作用等都会产生明显的"邻避效应"。为了解决随之而来的问题，湖州市主要通过基于社区倡导的协商机制，通过社区工作者的倡导工作，例如入户宣传、教育讲座和研讨会等形式为居民提供协商平台。同时，我们分析了垃圾处理流程中的回应性监管机制。回应性监管强调对监管对象的"同等回应"和"渐进惩罚"，根据被监管者的不同行为做出不同的策略调整，同时强调将监管权适度分配给各个参与主体。在湖州市的实践中，社会公众、政府和企业构成了垃圾治理过程的三大主体，在生活垃圾的分类投放、分类运收和分类处理过程中，三个主体的沟通和协同管理实现了监管治理体系的有机运行。该过程可以理解为基于回应性机制视角的生活垃圾监管治理模型。此外，湖州市创新性地将人大监督与"网格化"治理和监督结合应用于垃圾分类治理中，实现了资源和人才的有效下沉，在垃圾分类工作中既发挥了人大监督的法律规范性，又促进了社会参与垃圾分类治理，这也契合了在第1章提到的政府和社会的双循环理念。同时为了弥补人大监督专业上的不足，湖州市人大常委员会引入第三方对湖州市的垃圾分类工作进行评估，更好地发现工作上的不足。

第4章为"湖州市城镇生活垃圾分类的教育"。本章对湖州市生活垃圾分类的教育方法和路径培养进行了研究和探索。首先，湖州市在推进生活垃圾分类工作时，通过适宜的宣传教育方法巩固加深居民的集体主义和生态集体主义观念，同时融合湖州市本身所传承的中华优秀传统文化，助推生活垃圾分类的教育。在这种浓厚的垃圾分类文化氛围的熏陶和影响下，才有可能推动居民生活垃圾分类的集体行动，从而实现"在湖州看见美丽中国"的城市目标。其次，湖州市这些年开始有意识地进行建设文化，联合学校、家庭和社会三方的力量来扩大垃圾分类知识的宣传范围，营造了一个极好的生态文化教育学习环境。宣传教育对价值感知的影响机制则强调宣传或干预的重点应该是居民的价值观，需要通过多种宣传教育手段并行来引导人们价值观的改变，激发其内在驱动力量，化被动为主动，自觉参与生活垃圾分类。垃圾分类的行动还需要自我效能感来激发，结合湖州市的实践经验，我们提出基于行动的自我效能路径至少应包含激发居民积极乐观的态度和建立积极的关怀模式两个行动要素。这两个要素可促进居民垃圾分类认知和行为的统一，发挥居民作为垃圾分类主体的自我调节功能。最后，本章分析了垃圾分类文化的本土知识化机制，湖州市看到了不同地方甚至不同社区的垃圾分类工作会存在差异，需要结合本土知识才能使得垃圾分类效果最大化。目前湖州市也正在努力利用文化机制去调节垃圾分类行为，并以此为基础调整政策制度方向，使短期化和局部化的管理转换为长期化和整体化的管理。在本土知识化机制运用中，湖州市细化社区为生活垃圾治理单位，社区工作者通过倡导，联合社会多方力量教育、宣传居民参与小区的垃圾分类工作。

第 5 章为"湖州市城镇生活垃圾分类的智慧监管"。本章分析了湖州市智慧监管的现状和管理机制，探讨了智慧监管的相关研究与湖州的实践互动以及监管系统的优化。城镇生活垃圾分类的智慧监管是技术逻辑和管理逻辑高度结合的管理模式，它通过平台化的监管系统设计来实现。监管系统本质上是一个根据管理目标、行动者网络结构及关系、管理过程的实现以及技术本身的发展和投入不断演化的系统，因此"系统优化一直在路上"。目前，湖州市正在整合以地区为尺度的生活垃圾分类智慧监管系统，将各区县的智慧监管统筹到同一个数据库、同一个管理和技术结构框架中，以打通横向和纵向的监管流程，实现高效监管。据此，本章根据调研总结了目前智慧监管系统的应然模样，成为下一个"继往开来"版本的参照。

第 6 章为"湖州实践的中国思考"。以垃圾分类问题为代表的环境问题是全世界共同的挑战，在中国，垃圾分类问题的解决是生态文明建设的重要指标。在国际上一些学者的眼里，中国是最有可能实现生态文明的国家，因为相比其他国家而言，只有中国将生态文明建设上升到国家战略的高度和地位，甚至被写进了中国共产党章程和国家宪法。中国也是世界上唯一将"生态文明"作为"千年大计"的国家，可见，生态文明是中国衡量社会进步最重要的标准之一。从历史的角度看，中国文化的元素和根基是现代生态文明建设的独特资源，因此，我们以基于"传统哲理"的思考开启湖州实践的中国思考，发现了很多有趣又意味深长的"平衡"要义，这些要义和在接下来的现代理论框架的思考有很多相似之处。在通过对"整体性"视角下的协同治理框架的思考后，我们也发现，对于一个复杂对象的公共管理过程更需要全过程的"协同"。这两种视角的思考不是简单的重复，"平衡"和"协同"是中西方、传统和现代的融合和相通，在管理实践中，它们或许既是科学也更是艺术。最后，我们从"忧患"视角对创新路径进行思考后认为："和谐共生—自然友好""少即是多—源头行动""着眼未来—系统思考"是行动框架的基本路径，贴近"明忧患与故"之理。

　　愿中国思考和中国方案同行，成为世界思考之机。

第1章

"监管治理"：政府和社会的双循环

世界银行于 1989 年首次提出"治理危机"一词之后,"治理"的概念逐步兴起。多本畅销的公共管理书籍如《没有政府的治理》《21 世纪的治理》等,都提到"治理"不仅是单一的政府机构的监管,也包括其他非政府部门的监管。斯托克认为"治理"是政府主体和其他主体一起为达到某种共同的目标而实施的各种措施❶。曾红颖提出"治理"的前提是多元主体的存在❷。在各种关于"治理"的定义中,全球治理委员会给出的"治理"定义一直被权威地引用,该定义认为,"治理"是个人和制度、公共和私营部门管理其共同事务的各种方法的综合。它能在参与方相互调适的基础上采取合作行动,能体现相关制度的有效运用和实践拓展❸。"治理"的含义已被广泛研究和实践,并被衍生到各个具体的"治理"领域。包括垃圾治理在内的环境治理,也在最近二三十年中兴起❹。

1.1 监管治理:理解生活垃圾分类的关键机制

监管(regulation)也叫管制、规制。学者植草益认为监管是社会公共机构按照一定的规则对企业的活动进行限制的行为❺。学者王俊豪将监管定义为具有法律地位的、相对独立的监管者按照一定的法规对被监管者所采取的一系列行政管理与监督行为❻。最早的监管研究局限于经济性监管,指的是政府运用一系列惩治性手段,采取

❶ 斯托克,华夏风.作为理论的治理:五个论点 [J].国际社会科学杂志:中文版,1999(1):19-30.
❷ 曾红颖.创新社会治理:行动者的逻辑 [M].北京:社会科学文献出版社,2019.
❸ 全球治理委员会.我们的全球伙伴关系 [M].伦敦:牛津大学出版社,1995.
❹ Abdullah A R, Sinnakkannu S. Malaysian perspectives on the management of pesticides[J]. East Asian experience in environmental governance: response in a rapidly developing region, 2003: 17-43.
❺ 植草益.微观规制经济学 [M].北京:中国发展出版社,1992.
❻ 王俊豪.管制经济学原理 [M].北京:高等教育出版社,2014.

强制性措施，以达到修正个人与企业经济行为的目标❶。20 世纪 60 年代，社会性监管逐渐兴起，许多学者对经济性与社会性监管做出研究。学者植草益将监管分为经济性监管和社会性监管，经济性监管是为了在经济领域实现资源有效配置而政府对企业的进入和退出、价格、服务等出台政策进行监管；社会性监管是为了保障劳动者和消费者的安全、健康、卫生和环境保护等，对产品服务的质量和各种活动进行监管的行为❷。环境监管属于社会性监管，随着环境问题越来越严重，从"危机管理"的视角，政府环境监管是社会环境与经济发展背景下不断加强的政府职能之一。

1.1.1 监管治理——新的结合范式

治理的本意是导向、操控、引导，词意本身包含监管。虽然上述的概念及发展上有些不同，但在具体的实践过程中有着密不可分的关系，尤其在环境保护领域。国外学者提出的制度主义监管论对监管和治理的关系进行了深入的讨论。该理论认为，政府监管是特定制度下的特定产物，是多种因素共同作用的结果，其中制度是最核心的因素，而监管的实践则在具体的"监管空间"中进行❸。我国学者也对治理与监管的关系做了深入的探讨，如陈广胜提出，在治理中政府监管主要体现在三个方面：一是制度供给，政府所提供的有关制度，决定着社会力量能否进入、怎样进入公共事务治理领域，并且对其他治理主体进行必要的资格审查和行为规范；二是政策激励，即使政府主动开放某些公共事务治理领域，但社会力量往往会等待观望，尤其是对公共物品的生产，需要政府在行政、经济等方面采取相应的鼓励和引导措施；三是外部约束，公共事务治理

❶ Doerr A D. Government Regulation：Scope，Growth，ProcessW. T. Stanbury，ed. Montreal：Institute for Research on Public Policy，1980，pp. xviii，267[J]. Canadian journal of political science/revue canadienne de science politique，1981，14（3）：640-642.

❷ 植草益. 微观规制经济学 [M]. 北京：中国发展出版社，1992.

❸ Scott C. Analysing regulatory space：fragmented resources and institutional design[J]. Public law，2001：283-305.

也需要"裁判员",政府应依据法律和规章制度,对其他治理主体的行为进行监督、仲裁,甚至惩罚❶。因此,从政府主体的视角出发,将传统的监管和新公共管理所倡导的治理结合,以"监管治理"的机制进行公共事务的管理是一种新的结合范式。该新范式强调了政府是保障治理有效性的基础性条件❷。完全去国家中心化的治理模式已被证实是难以获得成功的❸~❺。尤其在环境保护领域,从公共利益"委托—代理"的角度,面对严重的环境问题,政府的直接监管不可或缺,甚至针对权威治理主体的监管也应强化,这样才能使得政府监管在治理中发挥主导作用,避免多元主体治理的低效率和无序。因此,政府为主导的"监管治理"理应成为当今环境治理的核心管理机制❻。学者李万新提出环境治理有三种治理工具,分别为直接监管、激励机制和自我监督❼。可见,环境保护领域中的"监管治理"既强调了高效、垂直、集中统一的行政监管,又强调透明性和公众、企业等共同参与治理的新理念。

目前,我国政府在环境监管治理中仍扮演着重要的角色,处于中心地位❽、❾,这是由我国特色的制度体系和由党的核心领导地位的中国情境所决定的。党的十六大提出生态建设思想,十八大提出生态文明理念,十九大正式提出生态文明建设与绿色发展,历经

❶ 陈广胜.走向善治——中国地方的模式创新[M].杭州:浙江大学出版社,2007:129.
❷ Heinrich C J. A State of Agents? Sharpening the Debate and Evidence over the Extent and Impact of the Transformation of Governance[J]. Journal of public administration research and theory, 2010, 20(suppl 1): 3-19.
❸ Peters B G . Managing Horizontal Government: The Politics of Co-Ordination[J]. Public administration, 1998.
❹ Pierre J, Peters B G . Governance, politics and the state[M]. New York:St Martin's Press, 2000.
❺ Benson D, Jordan A. What have we learned from policy transfer research? Dolowitz and Marsh revisited [J]. Political studies review, 2011, 9(3):366-378.
❻ 朱国华.我国环境治理中的政府环境责任研究[D].南昌大学,2016.
❼ 李万新.中国的环境监管与治理——理念、承诺、能力和赋权[J].公共行政评论,2008,1(05):102-151, 200.
❽ 范永茂,殷玉敏.跨界环境问题的合作治理模式选择——理论讨论和三个案例[J].公共管理学报,2016,13(02):63-75, 155-156.
❾ 田培杰.协同治理概念考辨[J].上海大学学报(社会科学版),2014,31(01):124-140.

了一个快速发展的时期。因为在该时期中大量环境问题的涌现，使得政府成为环境治理中一个最重要的角色。但归根结底，治理只是制度的有效运用，光靠治理是不够的。制度也是政府监管中的最核心因素，因此治理并不意味着"放松监管"，而是注重考虑怎样以更加灵活的手段来实现监管目标，是对监管体系的重构❶，更是一个不断动态演进的政府和社会双循环过程。可见，监管治理是治理和监管有机融合的过程性范式。它更体现在具体的管理实践领域中。我国目前正在进行的生活垃圾分类体系建设，正是环境监管治理范式的重要实践领域。党的十九大报告指出，要"构建政府为主导、企业为主体、社会组织和公众共同参与的环境治理体系"，住建部在《关于进一步推进生活垃圾分类工作的若干意见》的通知中提到垃圾分类需要党政推动、全民参与。因此，生活垃圾的监管治理是以政府监管治理政策为指引，通过加强政府为主体的监管而提高多元参与的监管效率以及被监管者的监督优化，来实现更具现代化的国家生活垃圾分类的监管治理模式。

1.1.2 理解生活垃圾分类的监管治理

监管治理作为一种新范式，在环境保护实践领域中的应用可以塑造出颇具特色的监管治理模式。尤其是治理面广、治理问题复杂、监管对象多样、监管过程又十分情境化的实践领域，生活垃圾分类就是这样的领域，这是一个独特的"监管治理空间"。目前，生活垃圾分类是全世界面临的共同难题，无论是发达国家还是发展中国家，无论是城市还是乡村，都依然面临生活垃圾分类如何妥善解决的问题。一些发达国家或发达城市原以为已经妥善解决了生活垃圾分类问题，但随着垃圾出口的限制以及全球"减碳、低碳"等的呼声，根本问题已然显露：生活垃圾分类是一个整体性的问题，

---

❶ 杨炳霖. 监管治理体系建设理论范式与实施路径研究——回应性监管理论的启示 [J]. 中国行政管理，2014（6）：47-54.

理出一条根本性思路来理解生活垃圾监管治理的必要性对于实践工作十分重要。

现代社会的市场经济根本上立足于"产权"理论，因此我们从垃圾的"所有权"属性入手，将"人—垃圾—场景"结合起来对这个问题进行深入思考，最终我们选择了"公地悲剧"和"反公地悲剧"两个不同的视角来分析这个问题。"公地悲剧"的原意是，由于排他性产权缺失或太弱造成的公共资源或公共空间被过度使用或污染的悲剧，悲剧最直接的表现是开放式、无节制利用公共资源或污染公共空间而导致的灾难❶。这在生活垃圾分类中表现尤其明显。由于现代社会的生活需求品大多数都需要依赖市场流通来实现，在缺乏外部制约的情况下，生产者容易过度生产无关的商品附加品以获得商品的溢价。消费者会因分类需要投入精力和成本，而选择不分类，甚至公开或悄悄地把个人、家庭的生活垃圾丢弃到公共场地。这些过度使用资源或污染空间的"公地悲剧"机制最终会导致无序生产、无序投放、无序捡拾、无序处理等现象。而"反公地悲剧"则是指公共资源或公共空间过度分割以致破碎化，导致排他性过强，进而造成资源或空间使用不足的悲剧❷。悲剧最直接的表现是与垃圾相关的行为主体行使排他性权利使得垃圾不能当作资源被充分利用，导致分类不合作、垃圾处理资源闲置或服务垄断等现象。可见，垃圾分类集体行动同时面临公地悲剧和反公地悲剧的挑战。因此，要克服公地悲剧和反公地悲剧，需要基于垃圾产权流程基础上的监管治理。下面以我国的生活垃圾分类体系为例展开具体分析：

目前我国的生活垃圾分类体系包含了垃圾源头减量、分类到垃圾最终处理的整个流程。如果将这个过程定义为垃圾产权的生命周期，那么整个过程中的"源头减量、分类、分拣、处理"四个环节

❶ 阳晓伟，杨春学."公地悲剧"与"反公地悲剧"的比较研究 [J].浙江社会科学，2019，271（3）：4-13.

❷ 朱宇江."反公地悲剧"理论及其对政府管制的启示 [J].第一资源，2013（1）：127-136.

实际上是垃圾产权流转的转换环节，各流程可以进一步作如下分析
（见图1-1）：

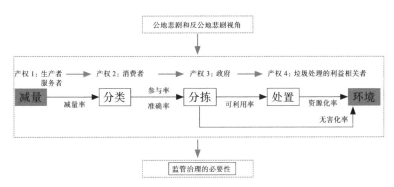

图1-1 生活垃圾分类监管治理的理论需求

　　垃圾产权流程的第一步来自生活消费的源头，确切地理解应该
是购买生活消费产品前的垃圾产生阶段。这是一个复杂产权生成的
过程，也是源头减量的最大难题。如目前最棘手的"减塑"问题❶，
塑料垃圾的生产和使用具有复杂性，一般生产者的订单来自服务者
的需求，商家使用塑料制品是为了满足"方便、安全、美观、舒适"
等的消费或服务要求，而消费者享用被附加的或无可替代选择的塑
料制品是一种被潜移默化的行为改变。造成这种复杂性的原因如下：
一方面是商家为了竞争优势想通过增加塑料制品进而投入更好的服
务或物资成本而提高商品或服务价格，即产生溢价；另一方面是商
家刻意制造了塑料制品的需求，同时又迎合了消费者更高的偏好。
城市中水果店越来越严重的"塑料包装化"就是这样一个复杂互动
的过程所形成的生活例子。事实上，外卖和物流等塑料包装也类似，
这是一个由消费、竞争、自由市场带来外部性造成的塑料垃圾在源
头就存在的产权复杂性问题。面对此复杂性，首先需要从源头上界

❶ 刘松涛，罗炜琳，林丽琼. 我国公共环境政策困境破解研究——以"限塑令"实施遇阻为例 [J].
生态经济，2018，34（12）：229-233.

定哪些塑料制品是"垃圾属性"，并且对这些在不同生产厂家、商家之间实现产权流转的垃圾属性塑料制品制定不同的监管要求。如调整企业的生产标准、对商家限制使用或禁用、回收等，以"减量率"为要求，强有力地推动监管治理，让更多的具有公共利益目标的政府部门、企业、社会组织及公众参与进来，一起商议对策，制定系统的协同监管框架，逐步改变塑料制品的消费模式。

生活垃圾产权流程的第二步来自消费者或居民家庭本身。消费者或居民家庭理应负有垃圾妥善处理的义务和对环境友好的责任。但一般情况下，除了被主动分拣出来可以变卖的垃圾之外，消费者或居民家庭很快会将垃圾转移到公地，即生活垃圾产权将清晰地从产生者手中剥离出来成为被遗弃的"公共物品"。因此，为完成该产权职责，在现实的监管治理中，常常将"是否精确垃圾分类"作为监管治理的首要条件。为了达到该条件，经验总结出了"定时定点""分类督导"等投放原则，但实际工作中仍然有诸多问题。如不配合、行动不便、故意错投等。此时结合监管治理的需求，将上述可能存在的问题事项化、目标化，并和志愿者、垃圾分类的专业人士甚至是企业等角色一起完成监管治理过程，可以提高垃圾分类的参与率和准确率。已有研究表明这在一些城市的实验社区是有一定效果的[1],[2]。因此，当通过恰当的监管治理使消费者或居民家庭对垃圾的产权负起责任，生活垃圾分类的参与率与准确率就会提高。如此，监管治理将不完全依赖于个体的素质高低，而更依赖于整体氛围和监管治理的条件、原则以及其他过程性的管理要素，从而突破了公地悲剧中个人意识或意愿影响集体行动的天花板。

产权流程第三步是，垃圾一旦被丢弃变成"公共物品"后的"公共产权"。根据公共物品的委托代理关系，此时政府成为垃圾的产

[1] 邓俊，徐琬莹，周传斌.北京市社区生活垃圾分类收集实效调查及其长效管理机制研究 [J].环境科学，2013，34（1）：395-400.

[2] 童昕，陶栋艳，冯凌.可持续转型社区行动：社区生活垃圾分类实验及反思 [J].北京大学学报（自然科学版），2018，54（1）：207-217.

权代理人，需要政府通过公共服务的供给来消化。在资源危机和垃圾围城发生后，垃圾资源化的压力增大，地方政府需要规划、设计和布置优化的适合垃圾分类分拣、运输、存放、无害化处置等公共服务体系，才能将垃圾一方面变成可利用率更高的"资源"，进入循环经济，另一方面变成无害化率更高的最终废弃品，以对环境产生的影响达到最小。但由于政府多部门化管理存在复杂或隐性的"反公地悲剧现象"，如环卫部门和建设部门的基础设施重复投资、一些闲置的公共设施无法跨部门使用、管理人员无法跨部门完成共同任务等，代理了垃圾产权的政府常常会在上述过程中存在较为严重的协同问题。引入监管治理的思路，即是将多部门分隔的物质、人力和财力资源合理地利用和协同起来，同时还可以通过信息公开、公众参与、社会监督和评估、外包服务商评价与投诉等社会化参与手段来提高公共服务效能和环境公正。

产权流程的第四步是在可资源化的垃圾已经被分离出来后流入各利益相关者手中的过程，此时的产权明确属于循环经济链条中的各利益相关者。对于政府而言，将代理的垃圾产权转移到循环经济过程中，可以实现以利益换公共服务的目的，也能促进产业经济的发展，使垃圾产生一定的正外部性，管理者对培育生活垃圾分类的市场主体充满信心[1]。但由于产权的交接来自垃圾的公共性，而垃圾处理属于公用事业的一部分，政府不仅需要在 BOT 或 PPP 等模式中进行一定的监管，垃圾处理所产生的对环境的负外部性、垃圾"公地悲剧"下的二次逃逸、垃圾资源"反公地悲剧"下的利用不足甚至自然垄断的产生等问题依然会出现。监管治理的引入，一方面可以让社会公众成为真正的监管者，另一方面利益相关者的自我监管体系也可以成为重要的制度建设路径，以达到真正的资源化和无害化目的。

[1] 俞伟波. 生活垃圾分类市场主体的培育和监管——以浙江省为例 [J]. 城乡建设，2019（11）：39-40.

通过以上梳理出的垃圾产权发展流程，可以发现垃圾分类完整的过程是：垃圾从第一产权人手中出来转至其代理人，再到利益相关者，最后进入环境，垃圾相关的行为主体、政府、处理垃圾的利益相关者等都和不同类型的垃圾产权流程有关。在这一产权流程过程中，减量率、参与率、准确率、可利用率、资源化率、无害化率等对垃圾分类的效能产生影响，而每个过程中都有公地悲剧或反公地悲剧逻辑的警示。因此，在一定的法律法规约束下，除了政府主导的监管，社会倡导、互惠互助、自我监管、合作行动等至关重要，从单一的政府监管扩展到政府为主导的监管治理是明显的和必要的，也是出于长效机制建设的需要❶。

1.2　我国城市生活垃圾分类的历史沿革

我国"垃圾分类"的概念在 20 世纪 50 年代就已出现。1957 年 7 月 12 日《北京日报》刊载《垃圾要分类收集》一文，文章报道北京城区将全面实行垃圾分类收集，分类重点在于垃圾的回收利用。这是我国第一次出现"城市垃圾分类"的概念，但对城市生活垃圾分类的社会化规范主要是从 20 世纪 90 年代中国快速进入城镇化和工业化开始的。下面，我们对近 30 年来（2021 年前）中央政府机构公开发布的 30 份政策文件进行文本分析梳理，来了解中国城市生活垃圾分类的历史沿革。

1.2.1　我国城市生活垃圾分类的政策实施阶段

1. 20 世纪 90 年代 ~ 21 世纪初全国城市生活垃圾清运量突破 1 亿吨❷，生活垃圾分类处理初探阶段。

❶ 杨炳霖. 从"政府监管"到"监管治理" [J]. 中国政法大学学报，2018（2）: 90-104.
❷ 国家统计局. 中国统计年鉴 [M]. 北京: 中国统计出版社，2000.

1992 年 6 月 28 日，国务院发布《城市市容和环境卫生管理条例》，最早提出有关生活垃圾管理的相关法规。

1993～1996 年：1993 年建设部发布《城市生活垃圾管理办法》；1996 年《中华人民共和国固体废物污染环境防治法》出台，两者都明确提出了垃圾分类收集的要求。

2000 年建设部公布全国首批北京、上海、南京、广州、深圳、厦门、杭州、桂林 8 个垃圾分类试点城市。

2003～2004 年建设部先后发布《城市生活垃圾分类标志》《城市生活垃圾分类及其评价标准》，开始规范各地生活垃圾分类的具体实施工作。

2005 年全国人大常委会对《中华人民共和国固体废物污染环境防治法》作出修订。

该阶段，全国范围内第一轮"垃圾分类"推广效果有限，基本停留在以"垃圾桶分类"代替垃圾分类的局面中。

2. 2007～2015 年全国城市生活垃圾清运量超过 1.5 亿吨 ❶，政府大力建设城市生活垃圾无害化处置设施。

2007 年国家发改委、建设部、国家环保总局联合发布《全国城市生活垃圾无害化处理设施建设"十一五"规划》，确定 2010 年以前我国城市生活垃圾无害化处理能力的建设目标。同年建设部通过《城市生活垃圾管理办法》，自 2007 年 7 月 1 日起施行。

2011 年国务院发布《城市市容和环境卫生管理条例》，对城市生活环境做出要求，提出对城市生活垃圾进行分类。

2012 年国务院办公厅印发《"十二五"全国城镇生活垃圾无害化处理设施建设规划》，加入了对生活垃圾分类和餐厨垃圾分类收集、处理的规划要求。

2015 年住建部等五部委发文确定将北京市东城区、上海市静安区、广东省广州市、浙江省杭州市等 26 个城市（区）作为第一

---

❶ 国家统计局. 中国统计年鉴 [M]. 北京：中国统计出版社，2015.

批生活垃圾分类示范城市（区）。同年中共中央、国务院印发《生态文明体制改革总体方案》，提到通过垃圾分类实现资源循环利用，住建部和环保部发布《全国城市生态保护与建设规划（2015–2020年)》，其中对城市生活垃圾无害化处理率提出了达到 95% 的要求。

该阶段，全国城市生活垃圾分类重点在末端处理的基础设施建设，但主要以垃圾填埋为主，焚烧为辅。

3. 2016 ~ 2018 年全国城市生活垃圾清运量迅速突破 2 亿吨❶，全国推进 46 个试点城市生活垃圾分类系统的全链条建设。

2016 年国家发改委、住建部发布《垃圾强制分类制度方案（征求意见稿)》，提出建立城镇生活垃圾强制分类制度。同年住建部等部门提出《关于进一步加强城市生活垃圾焚烧处理工作的意见》。

2017 年国务院十四部委印发《循环发展引领行动》的通知，对主要废弃物循环利用率提出达到 54.6% 的要求。同年国务院办公厅关于转发国家发展改革委、住房城乡建设部《生活垃圾分类制度实施方案的通知》，明确在全国 46 个城市进行垃圾分类。国家机关事务管理局发布《关于推进党政机关等公共机构生活垃圾分类工作的通知》，提出在党政机关积极实施生活垃圾分类。住建部、生态环境部发布《关于规范城市生活垃圾跨界清运处理的通知》。住建部发布《关于加快推进部分重点城市生活垃圾分类工作的通知》，加快推进北京、天津、上海等 46 个重点城市实施生活垃圾分类的工作。

2018 年住建部发布《城市生活垃圾分类工作考核暂行办法》；国务院办公厅印发《"无废城市"建设试点工作方案》，指导地方开展"无废城市"建设试点工作；国家发改委提出《关于创新和完善促进绿色发展价格机制的意见》，提出要健全固体废物处理收费机制。

该阶段，生活垃圾的生命周期概念被纳入管理过程中，生活垃圾资源化被重视，很多城市培育了垃圾资源化相关的市场主体，很多城市向着无废城市迈进，开始关闭垃圾填埋场，启用垃圾焚烧厂。

---

❶ 国家统计局. 中国统计年鉴 [M]. 北京：中国统计出版社，2018.

4. 2019 年至今，全国城市生活垃圾清运量超越 2.5 亿吨 ❶，各城市开始从居民端推进垃圾分类政策实施。

2019 年 4 月国家邮政局印发《邮件快件包装废弃物回收箱应用参考》的通知，规范了邮件快件包装废弃物回收箱设置。

2019 年 6 月习近平总书记对垃圾分类工作作出重要指示，强调实行垃圾分类也是社会文明水平的一个重要体现。

2019 年 6 月全国人大常委会通过《中华人民共和国固体废物污染环境防治法（修订草案）》，明确要求加快建立生活垃圾分类投放、收集、运输、处理系统。

2019 年 6 月住建部等 9 部委印发《关于在全国地级及以上城市全面开展生活垃圾分类工作的通知》，决定自 2019 年起在全国地级及以上城市全面启动生活垃圾分类工作。

2019 年 7 月 1 日《上海市生活垃圾管理条例》施行，迎来"史上最严"垃圾分类，引发全民关于垃圾分类话题热议。

2019 年 10 月国家市场监督管理总局和中国国家标准化管理委员会发布《生活垃圾分类标志》，对生活垃圾分类标志进行规定。

2020 年 2 月国家卫生健康委办公厅发布《医疗机构废弃物综合治理工作方案》，对医疗机构废弃物如何处理作出明确规定。

2020 年 9 月《中华人民共和国固体废物污染环境防治法》（新固废法）施行，加大了对固废管理不合规的处罚力度，增加了企业的违法成本。

2020 年至今，北京、武汉、深圳、南京等多个城市纷纷出台并试行《生活垃圾管理条例》或《生活垃圾分类管理条例》，掀起新一轮垃圾分类热潮。

现阶段，城市生活垃圾分类进入源头分类的强制性阶段，基于垃圾生命周期和产权流程全过程的垃圾监管治理机制逐步加强。

---

❶ 国家统计局 . 中国统计年鉴 [M]. 北京：中国统计出版社，2020.

1.2.2 我国城市生活垃圾分类政策实施的特点

1. 与加强生态文明建设步伐同步

从上述政策发文时间来看，这些政策文件发布于 1992～2020 年之间，其中 2015～2019 年发文时间最为密集，一共有 18 份，占总数的 60%（见图 1-2）。可见，虽然我国从 20 世纪 90 年代初起有了无害化处理、基于垃圾生命周期的垃圾分类初步探索，但由于垃圾收集、运输与处理基础设施的能力不够充分，必要的法治基础薄弱，系统的制度设计不足，有力的监督措施没有真正落实，哪怕通过"试点城市"机制，城市垃圾分类仍然无法取得理想的效果，到 2008 年试点城市垃圾分类率仍均低于 20%[1]。2015 年中共中央、国务院《关于加快推进生态文明建设的意见》和《生态文明体制改革总体方案》出台，并着重指出所有县城和重点镇都要具备垃圾处理能力，并提高建设、运行、管理水平，完善再生资源回收体系；强调要实行垃圾分类回收，开发利用"城市矿产"，推进建筑垃圾、餐厨废弃物资源化利用，发展再制造和再生利用产品，鼓励纺织品、汽车轮胎等废旧物品回收利用；推进产业循环式组合，促进生产和生活系统的循环，构建覆盖全社会的资源循环利用体系。2016 年至今，习近平总书记在多个场合也着重提到垃圾分类对于生态文明建设的意义。这些都有力地促进了城市生活垃圾分类体系建设的进程，2018 年我国城市生活垃圾无害化处理率已经达到了 99%[2]，之后，减量率、参与率、准确率、利用率、资源化率等也逐年上升。可见，我国城市生活垃圾分类的社会化和制度化进程是与加强的生态文明建设步伐同步的，也说明生活垃圾分类是一项综合性的社会工程。

2. 监管与部门间网络治理的形成

从图 1-2 的发文数量变化可以看出，随着生活垃圾分类所造成

❶ 彭韵，李蕾，彭绪亚.我国生活垃圾分类发展历程、障碍及对策 [J]. 中国环境科学，2018，38（10）：3874-3879.

❷ 国家统计局.中国统计年鉴 [M]. 北京：中国统计出版社，2019.

的环境问题日益恶化和可利用资源的浪费，对其进行社会性管制的需求和强度增加，最高权力层级的中央政府部门间的网络治理机制首先构建起来。网络治理指关键资源所有者基于网络结构进行合作，为实现协同目标进行的规则生成、合规运行和违规问责的过程。合作过程是实现必要的限制性措施、联合制裁、宏观文化营造以及声誉建设等❶。但由于生活垃圾分类的传统监管部门是住建部，因此住建部依然是城市生活垃圾分类的监管中心，也是治理网络的操作中心。可以认为，我国城市生活垃圾分类治理体系是一个以住建部主导的各层级间协同的监管治理网络系统。

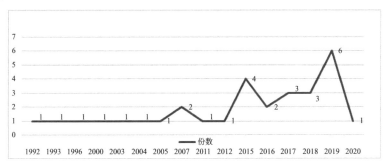

图1-2 我国城市生活垃圾分类政策发文份数

3. 地方政府的监管治理地位日益凸显

在中央层级横向监管治理网络构建的同时，地方政府的监管治理网络也同步发展。2000年建设部公布北京、上海、南京、广州、深圳、厦门、杭州、桂林8个全国首批垃圾分类试点城市。随后垃圾分类试点工作不断推进和发展，尤其自2011年开始，试点城市稳步增加，直至2019年6月住建部等9部委印发《关于在全国地级及以上城市全面开展生活垃圾分类工作的通知》，决定全国地级及以上城市全面启动生活垃圾分类工作。2020年以来，各地相继

---

❶ 李维安，林润辉，范建红. 网络治理研究前沿与述评 [J]. 南开管理评论，2014（5）：42-53.

推出《××市生活垃圾管理条例》和《××省生活垃圾管理条例》，我国迎来"史上最严"垃圾分类时代。这是一个"自下而上"的发展和演进过程，也是地方政府监管治理地位日益凸显的过程。因20年的发展演进，大量的地方政府监管治理政策涌现、成熟和推广，在省级和地级城市层面遍地开花，其演进过程体现了典型的政策扩散特征，如图 1-3 所示❶。地方政府监管治理地位日益凸显，表明了我国地方政府制定垃圾分类政策的惰性较少，很多试点城市以监管治理结果为导向，因地制宜地加强了城市生活垃圾分类政策的创新。也表明中央层面的监管治理网络较为充分地激发了地方政策创新的动力，也为地方政府政策的探索留出了相对充裕的空间，营造了相对宽松的政策创新环境。或许有些地方政策曾出现失败结果，但创新空间允许一定的合理范围内的失败，同时通过地方政府积极树立政策创新的自主意识并善于学习和借鉴等，充分发挥了地方的主动性和实效性，也实现了政策扩散的地方性价值。

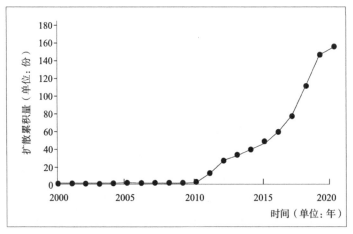

图 1-3　地级城市政府层面城市生活垃圾分类政策时间扩散趋势图

❶ 杨建国，周君颖. 公共政策的时空演进特征及其扩散机理研究——基于 31 省级、38 地级城市生活垃圾分类政策的分析 [J]. 地方治理研究，2021（2）: 16-29.

1.3 地方政府的监管治理：城市生活垃圾分类的本地化解决途径

由上可见，城市生活垃圾分类监管治理面临着经济、社会、政策、环境等系列问题，整个分类体系需要多元化参与途径。而在各种多元化途径中，地方政府对于解决环境问题和推动垃圾资源利用效率方面至关重要，因为生活垃圾分类具有本地资源和环境污染的双重属性。事实证明，我国的生活垃圾分类社会化和制度化进程就是一个加强地方政府监管治理的过程。国际上，有不少研究者也对此有一定的共识，认为生活垃圾分类的监管治理不仅是一个公共行政问题，也是公众环境和生活方式方面的问题。良好的生活垃圾监管治理不仅需要运作良好的机构和公共政策，还需要多方利益相关者的参与。这些利益相关者构成了公共和私营部门以及民间社会中广泛的参与者，而其中地方政府正在缓慢但逐渐地转变为以更多的网络、模拟和促进为目的的监管治理角色，成为城市生活垃圾分类问题最重要的本地化解决途径❶、❷。

1.3.1 城市生活垃圾分类的地方政府监管治理分析框架

研究认为，生活垃圾分类的地方政府监管治理分析框架应该重点关注参与者、能力和动机。也就是说，监管治理行动取决于三个核心要素：行动参与者、能力和动机。但它们受社会和生态环境的影响，并共同对社会和生态环境产生影响和结果❸。为什么研究

❶ Mees H L P，Uittenbroek C J，Hegger D L T，et al. From citizen participation to government participation：An exploration of the roles of local governments in community initiatives for climate change adaptation in the N etherlands[J]. Environmental policy and governance，2019，29（3）：198-208.

❷ Gutberlet J. Waste in the City：Challenges and opportunities for Urban Agglomerations[J]. Urban agglomeration，2018：191.

❸ Bennett N J，Whitty T S，Finkbeiner E，et al. Environmental stewardship：a conceptual review and analytical framework[J]. Environmental management，2018，61（4）：597-614.

者会提出这三个核心要素呢？因为生活垃圾分类的关键是行动本身，地方政府的监管治理就是通过对行动的干预而达成。干预包括对不同主体（政府、非政府组织、利益集团和地方社区、个人等）行动的促进和实施的政策、计划或市场机制等，旨在激发、倡导、促进个人与组织参与到整个生命周期的生活垃圾分类行动中，并促进在行动中的大规模协作。干预需要一套合适的方法、活动和技术，使各项行动可以以不同的规模进行，以或多或少解决复杂的问题。而行动本身是根据其参与者的特点、动机和能力所采取的，所以"行动参与者、能力和动机"成为监管治理行动的三个核心要素。这三个核心要素的解释为：行动参与者，一般为行动网络或多方利益相关者伙伴，包括公共机构、企业、民间社会组织和志愿者、资助机构、地方社区等；行动的能力一般取决于当地资产的存在与否，这些资产提供了可以动员起来采取行动的资源或能力，基础设施、技术、融资、财富或贫困水平、权利、知识、技能、领导力和良好关系等因素都可以支持地方政府监管治理的行动能力；行动的动机，可以理解为促使人们采取行动来保护环境的原因或激励结构，包括内在动机和外部激励。内在动机与期望通过实现心理需求（如自我接纳、能力或自我效能感、自主感或幸福感以及归属感或与群体的联系）带来个人快乐或满足感的行为相关。外在激励可以是经济的、社会的、物质的或法律的。监管治理行动往往会有直接的结果，其结果可能是有意的或无意的，产生协同或权衡效应，是可取的或不可取的，对不同的群体有不同的成本和收益等。而结果进一步带来一定的环境和生态、社会和经济、文化和政治等方面的影响，最终影响整个监管治理的情境。情境，是社会、文化、经济、政治和环境等因素的集合，这些因素决定了哪些监管治理干预的行动在社会、文化或政治上是适当的，并且在环境和生态上是有效的。但情境具有动态变化的性质，包括复杂性、规模、速度、类型和严重性，可能会挑战当地政府的监管治理能力。因此，生活垃圾分类的地方政府监管治理需要针对情境的需求，找到对行动可能干预的具体杠杆点，以改变系统的监管治理。杠杆点可包括引入新的行动参与者、提供激励、增强能力等。如此循环往复，地方政府通过监管治理和具体的行动，最终能够促进理想的生态和社会等结果的出现。如图1-4所示城市生活垃圾分类地方政府监管治理的分析框架，清晰地表达了整个过程的循环。李盖勒与库廷结合该分析框架对世界上两个超级大城市"纽约和首尔"的生活垃圾分类的监管治理实践进行了阐释 ❶。

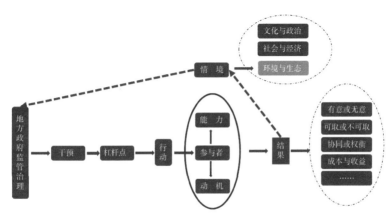

图1-4　城市生活垃圾分类地方政府监管治理的分析框架

1.3.2　国外城市生活垃圾分类地方政府监管治理的实践案例

1. 美国纽约市

20世纪七八十年代，纽约市一度发生过严重的"垃圾危机"。1973年，美国市长会议公布了一份报告，记录固体废物数量的激增以及城市可用地的锐减。纽约市的Fresh Kill垃圾填埋场成为世界上最大的垃圾填埋场，且其垃圾焚烧炉在无有效控制环境条件

---

❶ Lee-Geiller S，Kütting G. From management to stewardship: A comparative case study of waste governance in New York City and Seoul metropolitan city[J]. Resources, conservation and recycling，2021，164：105-110.

的情况下仍然进行着垃圾焚烧。20 世纪 90 年代，随着 Fresh Kill 填埋场的逐步关闭和市政焚烧炉的拆除，纽约市结束了以焚烧方式管理垃圾的时代，开始将大部分垃圾送往布鲁克林区、皇后区和布朗克斯区的私人转运站出口，加剧了这些地区的低收入者所承担的处理垃圾的负担。2006 年，纽约市通过了全面、长期的固体废物管理计划（Solid Waste Management Plan，SWMP），旨在找出危害较小、成本较低的方法来出口纽约市的垃圾。固体废物管理计划还希望通过在每个区建立住宅垃圾中转站，尽量减少这种废物管理系统对负担过重的外区社区的影响，并通过增加使用铁路和驳船运输来增加城市垃圾的出口，而非用卡车将其运到数千公里之外，以减少交通堵塞和空气污染。2015 年，该市在 College Point 开设了北海岸海洋转运站，这是在固体废物管理计划中第一个建成的转运站。在该转运站中，纽约市环卫局（Department of Sanitation，New York City，DSNY）雇用了大批员工将废物从收集卡车转移到海运集装箱中。2015 年 4 月，纽约市长公布了一项名为《一个强大而公正的城市计划》（OneNYC），该计划致力于解决纽约市的长期问题，其中包括可持续固体废物的治理。在该计划中，纽约承诺在 2030 年实现零废物填埋的最终目标。纽约市计划通过一系列基于地方的举措来实现这一目标。为了实现垃圾分流，纽约市提出了两个总体计划，将住宅有机废物收集服务扩大到所有居民，并通过实施单流处理系统来加强回收计划，然而这些举措的效果并不理想。2018 年，中国全面禁止进口包括废塑料、废纺织原料、未分类的废纸等垃圾，对纽约市的垃圾处理产生了一定影响，增加了垃圾出口的成本，降低了可回收材料的价格，增加了送往垃圾填埋场的垃圾量。同年，纽约市环卫局提出了一项针对商业废物区（Commercial Waste Zones，CWZ）的计划，旨在构建一个安全、高效的垃圾收集系统。

1）"零废物"计划

在纽约市的生活垃圾中，食物残渣和不适合回收的脏纸占了

31%，这些垃圾在填埋过程中会释放出有害的甲烷气体。纽约市"零废物"计划指出可以通过堆肥将这些垃圾转化为营养丰富的天然肥料，使用于城市的土壤，加强公园和街道树木建设，为市民服务。该计划还指出富含能量的食物垃圾可以通过厌氧消化处理，使微生物分解复杂的脂肪和碳水化合物，释放出可以被收集的甲烷气体，这部分甲烷可以作为天然气的替代品投入日常生活中。纽约市政府展开了多项与私营企业、民间组织的合作，共同探索在纽约市开展有机物分类和处理的途径。混合纸、杂志、报纸和纸板占该市住宅垃圾总量的 18%，金属、玻璃和所有硬质塑料占另外 14%。几乎所有通过传统的绿色垃圾桶和蓝色垃圾桶路边回收计划收集的垃圾都可以被清洗并重新制作成新产品。为了提高这部分垃圾的回收率，"零废物"计划提出通过分拣和回收技术的进步，可以更简单地将这些混合材料分离成高价值的产品；同时积极地为这些二次生产出来的产品开辟市场。"零废物"计划还提出了"即用即扔系统"（SAYT，Save-As-You-Throw）。纽约市处理生活垃圾的成本越来越高，填埋场的可用面积也越来越少。纽约市政府意识到，因为运输和处理的资金来自于城市的普通基金，对居民和业主采取基于数量的激励措施可以减少垃圾量，提高回收率，降低处理成本，减少垃圾填埋对环境和生活的影响。于是纽约市提出了"即用即扔系统"，即对那些少浪费、多回收的人进行奖励。据估计，采用该计划可以减少大约 30% 的垃圾收集成本。

在纽约市的商业机构（办公室、餐馆、酒店、商店和制造商等）每年产生的约 300 万吨垃圾中，只有不到三分之一的垃圾被用于回收。据此，"零废物"计划提出要将商业垃圾减少 90%。鼓励对大型商业建筑进行定期废物审计，同时为大型商业废物产生者创建一个零废物挑战计划，并修订了商业回收规则，使企业的回收更容易。此外，"零废物"计划还在限制塑料袋的使用、鼓励家庭回收、促进纺织品和电子产品的回收方面提出了倡议，旨在从公民个体的角度出发，使其参与到纽约的垃圾治理中，为实现纽约市"零废物"

填埋作出贡献。

商业废物区计划将纽约市分为 20 个地理区域进行管理，允许每个区域内至少有 3 个但不超过 5 个垃圾处理商运营。该计划是一个具有非排他性的系统，被管理的每个区域有 3300～9800 个垃圾治理需求者，每天产生 100～1000 吨商业垃圾。据纽约市的研究表明，相比于传统的大规模竞争市场，采用非排他性区域系统不会对居民的福利产生太大损失，因为居民仍可在多个处理商里选择，允许每个单独区域的竞争可以使客户在价格和定制服务的谈判中获得较大的灵活性。市政府估计，建立一个非排他性的 20 个区的商业废物处理系统，每年将从纽约市的街道上减少约 2897 万公里的垃圾卡车里程，占目前卡车里程的约 63%。说明该计划可以通过将路线限制在较小的地理区域，在不损害居民福利的情况下，大幅降低纽约商业垃圾的处理成本。

2）纽约市垃圾治理参与者

（1）公共系统

纽约市的垃圾处理系统由公共系统和私人系统两部分组成。其中公共系统指纽约市环卫局（DSNY），该公共部门负责处理由居民生活、政府工作以及一些非营利组织产生的垃圾、清理街道和扫雪，管理着一支由 2200 多辆收集卡车组成的车队、450 台机械扫街机和 690 台大型和小型撒盐机，DSNY 处理了纽约市 25% 的固体废物。纽约市法律规定，在投放垃圾前要将垃圾分为三类:纸类;金属、玻璃和塑料;不可回收的混合固体废物。这些垃圾在进行相应的处理前，都以传统的方式进行分开收集。DSNY 每天要收集超过 1 万吨的固体废物，其中 33% 为纸类、金属、玻璃和塑料等可回收垃圾，31% 为厨余垃圾。在 DSNY 收集的不可回收垃圾中，20% 用于能源转化，剩下的 80% 做了填埋处理。

（2）私人系统

由于纽约市政府只负责居民、政府和非营利组织的垃圾处理，因此其他商业行为产生的垃圾只能通过一些营利性的私人垃圾处理公司进行转移。这些私人废物运输商每年从餐馆、零售商、医院、办公室和其他企业收集大约 300 万吨废物。商业垃圾的收集工作由 273 家私人运输商进行，每晚都纵横交错地走访不同的企业，商业垃圾车每年行驶超过 3701 万公里。这些公司都由纽约商业诚信委员会（Business Integrity Commission，BIC）管理。BIC 是一个商业垃圾收集机构，最初的设立目的是处理自 20 世纪 50 年代以来盛行的垃圾处理中的腐败和犯罪行为。目前 BIC 主要负责对私人垃圾处理公司的背景调查，决定是否给其发放许可证，并由其负责设定私人系统处理垃圾的价格，避免私营垃圾贸易行业的违法行为。私营公司同时也参与了与市政府的合作。例如作为固体废物管理计划的一部分，2010 年市政府与私人可回收处理商 Sims Hugo Neu 公司达成了一项 PPP 协议，涉及 20 年的服务协议和超过 4800 万美元的投资。该公司将负责处理和销售金属、玻璃、塑料以及纽约市环保局收集的部分混合纸张，并资助了在布鲁克林社区的材料处理设施。

（3）民间系统

纽约市是一个人口稠密的城市，纽约市的居民在文化背景、思想观念和价值信仰方面存在着多元化特征，他们对环境问题的态度各不相同，个人对待垃圾治理的关注也有限。虽然个人在垃圾处理的行为上有潜在的成本节约效益，但纽约市民在个人利益的驱动下往往会做出不同的行为。纽约市政府进行的一项消费者调查显示，32% 的纽约人认为目前的垃圾处理形式是不充分的[1]，在城市环境治理上存在问题。尽管纽约市政府意识到垃圾处理形式的缺点，公民对垃圾治理的贡献基于自愿行为，但目前纽约还没有完善的针对个人在垃圾处理方面的法律体系，这在一定程度上降低了公民在废物处理方面的参与度。但在纽约的固体废物治

[1] Lee-Geiller S，Kütting G. From management to stewardship：A comparative case study of waste governance in New York City and Seoul metropolitan city[J]. Resources, conservation and recycling，2021，164：105-110.

理中，一些民间组织在垃圾治理实践中也扮演着重要的角色❶。在过去的一个世纪里，纽约市的一些非营利组织制定了专门接受和重新分配二手物品的计划，为有需要的社区提供商品、工作和社会服务。例如，"纽约捐赠"组织向社会提供了一些寻找二手产品或捐赠物品的渠道，"纽约再潮流"组织是一个旧衣捐赠平台。各种民间组织通过成为公民咨询团体，为纽约市固体废物管理规划的讨论做出了贡献。例如，公民预算委员会就是一个非营利、无党派的民间组织，致力于在纽约市政府的财政和服务部门创造建设性的变革。2015年该组织发表了一份报告，揭示了纽约市政府内部在垃圾收集成本方面的问题，这些成本是纽约私人垃圾收集公司的两倍以上，也高于美国其他城市的公共机构的成本。他们还就此提出了一个新的融资方法，即容积型垃圾处理系统。此外，还有一些非营利性的组织在宣传"零废物"理念方面也有卓越的贡献，他们试图向公众传播良好的垃圾管理意识，呼吁个人和组织在纽约的垃圾治理中承担起社会和环境责任。例如，"浪费可耻"是一个旨在宣扬生活无垃圾的互联网平台，为创建"零废物"纽约，该组织在4R（减量、再利用、再循环、修理）上给纽约市民提出了若干建议。"零废物纽约工作室"通过召开各种研讨会让公众、学者共同参与垃圾回收的策略讨论，教育和激励人们采取低废物的生活方式，以减少对环境的影响。

2. 韩国首尔市

韩国首尔全市下辖25区，面积狭小，约605.25km²，是世界上人口密度极高的城市之一，自然资源匮乏。20世纪60年代，韩国经济开始起步，并且持续了近三十年的快速增长。1995年，韩国人均收入首超一万美元，跻身中等发达国家的行列。虽然首尔市仅占韩国面积的0.6%，但其GDP却约占全国GDP的22%。经济的

---

❶ Clarke M J, Read A D, Phillips P S. Integrated waste management planning and decision-making in New York City[J]. Resources，conservation and recycling，1999，26（2）：125-141.

高速发展和国民生活水平的提高,给首尔市本就短缺的资源带来了更大的压力,对环境保护也带来了更大的挑战。加强生活垃圾管理、积极开展垃圾分类、充分再利用垃圾资源,是韩国政府减轻首尔市资源压力和保护国土环境的一个重要举措。自 20 世纪 90 年代初以来,垃圾问题成为首尔市最大的问题之一,快速发展的经济导致了大规模生产和消费,这反过来导致了其产生的垃圾数量的激增。市民的投诉、反对兴建新的废物处理设施(焚化炉、堆填区等)的强烈运动,迫使韩国政府必须以不同方式处理废物问题,而不是只关注提供废物处理设施。在此背景下,首尔市引入了容积型垃圾处理系统,这在提高回收率方面卓有成效。

1)容积型垃圾处理系统

创新之处在于居民根据需要购买体积不一样的垃圾袋来装垃圾,垃圾袋的容量有 5~100L 不等,其价格也不等。垃圾袋的收费中包含了垃圾收集、运输、处理成本以及垃圾袋的制作成本等。1994 年首尔市固体废物产生的日均量为 15397 吨。大部分垃圾被填埋,回收 3159 吨(20.5%)。然而,在 1995 年,也就是容积型垃圾处理系统启动的那一年,生活垃圾的数量减少了 8.4%,平均每天 14102 吨,其中 4137 吨(30.9%)被回收利用了,只有 9965 吨被焚烧或填埋,处理废物减少 18.6%,回收废物增加 31%。

"首尔容积型垃圾处理系统"是市民参与垃圾分类项目、降低垃圾收集费用的一种方法。在这个过程中,市民用他们的劳动而不是金钱服务城市。这个制度改革促使市民参与垃圾分类处理和减少垃圾生产量。在首尔市,生活垃圾管理的核心是垃圾分类制度。垃圾主要可分为四大类,分别为食物垃圾、一般垃圾、可回收垃圾以及大型垃圾。且首尔市垃圾袋不能跨区使用,不同社区的分类袋子颜色可能不一样。不同类别的垃圾分别收集、运输及处理,且收费规定也不同❶。在首尔市,居民丢弃一般垃圾和食物垃圾必须使用

---

❶ 刘雅星,郝淑丽.韩国垃圾管理及分类制度对我国的启示 [J]. 环球视角,2015(2):41-44.

本社区大型超市出售的"从量制"垃圾袋，这种垃圾袋价格普遍较高。而对于可回收垃圾，政府回收是免费的。目的是让居民尽可能减少那些不必要的废弃物排放，同时还可以鼓励市民处理可回收垃圾，从而减少政府管理的成本，居民对物品的使用率也有提升。居民根据他们产生的垃圾数量支付垃圾收集费用，而不是支付固定的费用或附加税，因此居民有经济动机通过减少来源和回收来减少他们的固体废物。得益于计量收费制度的实施，首尔市的生活垃圾排放量大幅度减少，可再生利用垃圾投放量明显增加。从量收费制度的核心在于给予排放者经济上的负担，增加排污成本从而减少垃圾排放量。实施垃圾从量收费制度以后，成功地将人均垃圾处理量从1994年的1.3kg/d减少到2000年的0.9kg/d,产生了明显的减量效果，同时还增加了回收材料的数量。

2）首尔市垃圾治理参与者

（1）公共系统

首先，首尔市的警察会参与到管理垃圾回收与垃圾桶的工作中；其次，环卫人员在回收垃圾时会对垃圾袋进行检查；再次，小区的垃圾投放处都会安装监控摄像头，如被摄像头拍摄到违规投放垃圾也会受到处罚；最后，韩国自2000年开始实施垃圾违法投放举报奖金制度，即对于举报违法投放垃圾的行为给予一定的奖金鼓励❶。居民之间互相监督的方式，有效地减少了垃圾违规投放行为。依据1995年的法规，对不按规定投放垃圾、不使用收费垃圾袋的居民处以100万韩元的罚款❷。并且对于垃圾不分类的居民，其罚款金额会随垃圾不分类次数增多而递增。例如，第一次垃圾不分类投放时罚款5万韩元，第二次就加大力度罚10万韩元，第三次还被抓到不分类时则要翻倍罚20万韩元。这种全方位的监督以及逐次增加的高额罚款有效地保证了垃圾分类及收费的运行。

❶ 梁洁，张孝德. 韩国城市生活垃圾从量收费模式及对中国的启示——基于 KDIS-WBI-CAG 政策论坛的调研分析 [J]. 经济研究参考，2014（53）: 64-66.

❷ 崔宇. 韩国生活垃圾分类管理对珠海市的启示 [J]. 农家参谋，2018（12）: 274.

（2）私人系统

首尔市政府会让用完后属于有害范畴的垃圾的产品生产商对其承担一部分的责任。以一枚废电池为例，由电池的生产商和当地政府共同设计出具体的回收办法，由电池的生产商承担大部分的回收费用。不仅如此，废电池还需要按其类别来进行回收。为了让制度更好地落地，韩国中央政府每年会对电池生产者设定回收目标。根据韩国废电池回收协会（KBRA）数据显示，在 2003 年韩国首次将电池纳入生产者责任延伸制度范围，一开始是镍镉电池，最初定的目标为 20%，在 2019 年就已达到了 45% 以上的回收率。在同一一年氧化银电池也加入了生产者责任延伸制度名单，2019 年已达到了 60% 以上的回收率。生产商会全力支持和配合当地政府按照回收目标把废电池回收起来，因为如果当年没有达到给定的目标，政府将会对其罚以重金。

（3）民间系统

韩国十分重视对国民的环保宣传教育，尤其重视从娃娃抓起，从小培养韩国人的环保意识。一是重视环保教育基地的建设。韩国政府会在填埋场和焚烧厂配套建设环保教育的宣传馆，并派专业人员对参观者进行关于垃圾处理概况、垃圾减量、资源回收利用等科普知识的讲解。二是重视孩子的环保素质培养，将垃圾减量和垃圾分类等知识纳入环保教育的基础课程，要求学生必须掌握。三是重视对国民的环境责任和遵规守法的宣传教育。韩国会在推行垃圾分类之初，要求新闻媒体定时播放公益广告，同时对违法者进行媒体曝光和处罚。通过这种宣传教育与处罚相结合的方式，让垃圾分类成为韩国国民生活中的自觉行动。四是充分发挥环保非政府组织的作用，进而弥补政府行政力的不足。在首尔市，有很多市民团体会进行垃圾分类的宣传活动，并向市政府提供法律建议。例如，韩国零垃圾运动本部就曾为了减少塑料袋的使用，向政府提议在超市征收塑料袋费。该组织还监督餐馆的食物垃圾处理做法。另一个具有创造变化潜力的公民参与例子是由韩国环境运动联盟和绿色商店协会推动的塑料一次性杯子移除运动。

第2章

湖州市城镇生活垃圾分类监管治理的现状及评价

对于城市生活垃圾的含义，从中央到地方，相关法律法规都对其作出了相关阐述。中央层面，1993年建设部发布《城市生活垃圾管理办法》首次定义城市生活垃圾，1995年《中华人民共和国固体废物污染环境防治法》对城市生活垃圾的定义做出补充，2004年建设部发布《城市生活垃圾分类及其评价标准》定义了何为城市生活垃圾。2004年《中华人民共和国固体废物污染环境防治法》被修改，将城市生活垃圾变更为生活垃圾，去除了"城市"定语，是指在日常生活中或者为日常生活提供服务的活动中产生的固体废物以及法律、行政法规规定视为生活垃圾的固体废物。2019年《生活垃圾分类标志》中将我国城市生活垃圾分为四个大类：可回收垃圾、有害垃圾、厨余垃圾、其他垃圾。地方层面，2021年浙江省开始施行《浙江省生活垃圾管理条例》，该条例延续了《中华人民共和国固体废物污染环境防治法》对生活垃圾的定义，但丰富了生活垃圾管理的情境性和可操作性，方便地方因地制宜地对可回收物、易腐垃圾、有害垃圾和其他垃圾进行管理，为生活垃圾的监管治理提供了创新空间。

2.1 湖州市城镇生活垃圾分类监管治理的基本情况

湖州市在国家和浙江省生活垃圾分类体系的基础上，于2019年创新性地提出了建立"4+3+N"分类体系（见图2-1），即将生活垃圾分为可回收物、有害垃圾、易腐垃圾和其他垃圾四大类外，大件垃圾、园林垃圾和装修垃圾单独分类，并同时根据湖州产业特色，制定垃圾细分清单，将与日常生活垃圾性质相近或与居民生活密切相关的如服装废料、材料加工废料、新能源蓄电池等纳入强制分类体系。由于湖州市是浙江省规模相对较小的地区，加上浙江省的城镇化水平较高，因此湖州市的城市生活垃圾分类实际上包括以县和区为单位的城镇生活垃圾分类，镇建制以上的街道都属于城市生活垃圾分类监管治理的范畴。下面，我们从湖州市城镇生活垃圾分类监管治理的制度化发展历程、监管治理实施的发展历程、各县区城镇生活垃圾分类监管治理实施特点出发，来全面地考察湖州市城镇生活垃圾分类的基本情况。

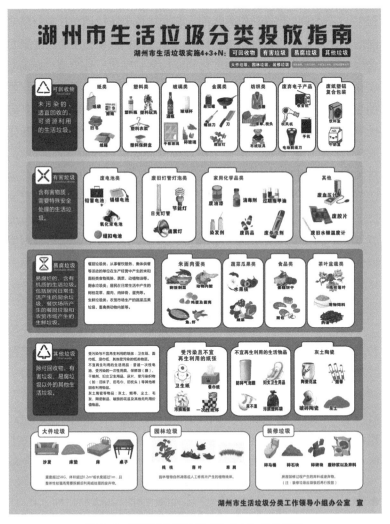

图2-1　湖州市生活垃圾"4+3+N"分类体系

2.1.1 湖州市城镇生活垃圾分类监管治理的制度化发展历程

湖州市位于太湖之滨，所辖三区和三县，城镇大约涵盖 1288 个小区，属于我国中等规模城市。要在短期内形成良好持续的生活垃圾分类行为习惯，实质上是一个集体行动的塑造过程，在这个过程中，需要制度化推动作为基础。制度化是个体行动和社会行动之间的中介，具有约束性、持续性、通约性、扩散性的本质，主要包含规制型制度化、契约型制度化和建构型制度化三种类型。好的制度化是规训功能的提供者，是持续性和扩散性的保障者，是稳定性的生产者❶。城镇生活垃圾分类的监管治理首先需要制度化作为基础保障，才能使得个体行动和社会行动两个界面形成互动并最终转化成强大的社会化功能，使得生活垃圾分类能够持续而有效地进行。在制度化的过程中有两条发展演化的路径，一为强制性变迁，二为诱致性变迁❷。对于地方政府而言，强制性变迁的力量主要来自更大尺度的制度化背景，如前述第 1 章所分析阐述的，中国的生活垃圾分类的发展和生态文明的制度化建设是同步的。地方政府能根据属地情境进行诱致性变迁是地方政府主动性和创新性的体现。湖州市垃圾分类监管治理的制度化工作起步早，并且制度化进程和监管治理过程结合，充分体现了制度设计和机制响应的有效融合。

2010 年 11 月，湖州市出台《湖州市中心城区生活垃圾分类和直运规划》，首次将厨余垃圾分类收运；11 月湖州市政府组织召开市区生活垃圾分类收集处置及直运试点工作动员大会，吹响了湖州市生活垃圾分类的第一声"号角"；12 月湖州市在浙江省率先启动中心城区生活垃圾分类试点工作，试点范围包括市行政中心，建设、教育、环保、执法等四个系统的 66 家单位及 14 个居民小区，涉及近 1 万户、3 万多人，重点指导单位和居民先将厨余垃

---

❶ 郁建兴，秦上人.制度化：内涵，类型学，生成机制与评价 [J].学术月刊，2015，47（3）：109-117.

❷ 道格拉斯·C·诺思.制度、制度变迁与经济绩效 [M].上海：格致出版社，2008.

圾分出来。2013年随着分类试点范围的扩大，厨余垃圾收集量增多，9月位于城郊鹿山林场内的湖州市厨余垃圾回收利用处理中心正式建成投运；12月出台《湖州市区餐厨垃圾管理办法（试行）》。2014年3月，湖州市编制完成《湖州市区城乡环境卫生专项规划（2013~2020年）》，对生活垃圾的产生量进行了科学预测，对分类标准、运输方式及处理规模都作出了具体规划布置。

至2015年，生活垃圾分类的试点工作已经涉及26个小区，也吸引了社会资本的进入，垃圾分类的处置行业得到了发展，垃圾处置链条化已经形成。2016年3月，湖州市被确定为第一批省级餐厨垃圾资源化综合利用和无害化处置试点城市；8月湖州市人大常委会通过了《湖州市市容和环境卫生管理条例》；12月湖州市委、市政府举办中心城区生活垃圾分类收运处置启动仪式，要求全面推进中心城区生活垃圾分类工作。至此湖州市建成全市垃圾焚烧设施、中心城区垃圾分类设施、无害化处置等垃圾处置产业格局，为城镇生活垃圾源头分类奠定了一定的基础。2017年4月，湖州市餐厨废物处置中心正式建成投运，该项目由美欣达集团有限公司旗下的湖州旺能再生能源开发有限公司建设，总投资1.27亿元，设计规模达到400吨/日（厨余垃圾和餐饮垃圾各200吨/日）；12月湖州市委向全市人民发出了"打赢垃圾监管治理攻坚战，确保垃圾分类工作走在前列"的号召，同时开始按照单位生活垃圾强制分类和居民小区精准分类两条路径开展实施。

最先响应号召的是单位生活垃圾分类。2018年1月起，湖州市委、市政府先后出台《湖州中心城市单位生活垃圾强制分类实施方案》《湖州市生活垃圾分类实施方案》，将市本级1000余家党政机关的公共机构食堂、近6000家餐饮单位纳入生活垃圾强制分类体系，同时在中心城区642个小区中指导居民将厨余垃圾先分出来，实现前端100%精准分类。在对上千家单位进行的有害垃圾、餐厨垃圾和可回收物强制分类推动下，分类效果十分显著，至2018年7月短短几个月的时间，即回收有害垃圾6.35吨、可回收物 312.7 吨；9 月出台《湖州市"厨房革命"三年行动方案（2018～2020 年）》，进一步明确了餐饮单位产生的餐厨垃圾在投放、收运、处置、监督等方面的规范制度；10 月湖州市政府召开湖州市生活垃圾分类工作推进会，提出了湖州市垃圾分类监管治理工作要走在前列、取得实效的高要求。2018 年，是整个湖州市城镇生活垃圾监管治理正式进入操作性规程的重要行动元年。居民生活垃圾分类主要分三种形式同步尝试。第一种形式是"精准分类"，是基于前述的多年试点小区的经验提出的。精准分类的原则是"去匿名化"，即在社区居民每家每户的门口设置易腐垃圾桶，通过收集人员与居民"点对点"引导的方式使其参与率和投放准确率提高。第二种形式是"二次分类"，即在社区居民将垃圾投放到指定投放点，然后由收集人员进行二次分类管理和监督，使易腐垃圾、大件垃圾和可回收物能准确地分开和收集。第三种形式是"优化分类"，根据一定的配比进行不同类型垃圾收集容器的设置，并引导居民自主分类。单位强制性分类以及居民生活垃圾分类的三种形式，政府投入的监管成本、监管强度和监管效率不同，目前还无法比较哪种更优、更有效。但是从制度变迁的角度，这三种形式都使得原来无序的生活垃圾分类变得有序起来，居民的垃圾分类乃至环保行为有了一定的约束性规范，这是初步制度化的直观效果。在管理现实中，湖州市自行发展所进行的监管治理也得到了业界的认可，在 2018 年的浙江省生活垃圾分类工作考核中，湖州市仅次于宁波市，位列 11 个地级市第二名。

2019 年湖州市继续加强前述地方制度化的效果，居民参与垃圾分类全面展开，至 2019 年 8 月底，湖州市两个区的小区参与率已经达到 100%，一个区和一个县的小区参与率达到 85% 以上，另外两个县的小区参与率也达到 50% 以上。从参与户数上看，则精准分类的参与户数比例更高，至少 2/3 的住户参与了精准分类，分类户数达 39 万之多（见表 2-1），精准分类是这三种形式的投放准确率最高的，它正逐步成为主要的形式。8 月出台《湖州市建设生活垃圾分类全国示范市工作方案》。8 月 15 日湖州市生态文明日当天，湖州市委、市政府召开湖州市全面推进生活垃圾精准分类万人动员大会，市委书记亲自倡导、亲自部署、亲自推动湖州垃圾分类要全域铺开、全员推进。会后，湖州市即刻展开了为期三个月的餐饮单位集中整治行动，仅 9 ~ 11 月共计查处中心城区餐饮行业违法投放行为 4500 余起、罚款 30 余万元。《湖州市建设生活垃圾分类全国示范市工作方案》提出到 2022 年底，将湖州市建设成为生活垃圾分类全国示范市的工作目标，以"精准分类、精细管理"为中心，全面推进统一分类标准、统一处置标准、统一管理标准、统一治理体系、统一保障机制"五个统一"。在 2019 年浙江省生活垃圾分类工作年度考核中，湖州市一跃位列全省第一，可见其城镇生活垃圾分类的效果是十分显著的。

至 2019 年 8 月底湖州市三区三县生活垃圾精准分类参与率　表 2-1

	小区数	分类小区	小区参与率	总户数	分类户数	住户参与率
吴兴区	178	178	100.00%	102138	102138	100.00%
南浔区	79	68	86.08%	28012	26524	94.69%
南太湖区	161	161	100.00%	103204	103204	100.00%
德清县	115	103	89.57%	58656	55363	94.39%
长兴县	219	121	55.25%	94903	73592	77.54%
安吉县	122	67	54.92%	45076	34805	77.21%

数据来源：湖州市垃圾分类办公室统计

2020 年 1 月，湖州市已全面建成餐厨垃圾处置体系，在全省率先实现了餐厨设施区县全覆盖，建立"垃圾分类智慧大脑"平台，实现垃圾分类全市域、全流程、可视化、数字化监管；5 ~ 8 月，湖州市委、市政府、市人大先后召开湖州市推进生活垃圾分类工作协调组会议、湖州市垃圾分类工作监管治理现场会、湖州市垃圾分类工作推进会三场高规格会议，市政协开展垃圾分类监管治理"三级联动"专项调研等，市四套班子主要领导多次作出重要指示和部署动员，要求湖州市必须全力以赴，率先建成生活垃圾分类全国示范市。湖州市制度化进程不断加强，全市生活垃圾分类监管治理的制度基础不断夯实。2020年，浙江省人民政府办公厅颁布了《浙江省全域"无废城市"建设工作方案》。"无废城市"建设是以新发展理念为引领，通过倡导发展方式和生活方式的改变，持续推动废物源头减量和资源化利用，最大限度减少填埋量，将环境影响降至最低的发展模式。浙江省的方案明确指出需全面实施生活垃圾强制分类。自此，湖州市在引领全省的基础上，加强了整个生活垃圾生命周期处理链条的建设，通过进一步引入社会资本、两网合一、智慧监管、典型社区、全局行业分类、静脉产业园规划与建设、大件生活垃圾处理中心、减塑市场等，再一次强化了生活垃圾分类的减量率、参与率、精准率、利用率、资源化率、无害化率等组成生活垃圾生命周期监管治理的重要目标。在2020年浙江省年度考核中，湖州市依然位列全省第一。

2021年，湖州市将重点放到生活垃圾分类全国示范城市的创建和智慧监管治理的体系建设中，希望将自2018年地方政府推动的城镇生活垃圾分类制度化成果转化为全国中等城市的典范，并进一步形成以数字化为基础的智慧监管治理。为此，各区县在各自优势和特点的基础上，进一步整合监管治理的统筹机制，也在其所建的智慧监管平台基础上，将数据本身跨域出来整合到市级平台，使得智慧监管治理机制融合到整个湖州市的区域监管治理过程中。2021年9月，湖州市基本实现了整个地区的智慧监管治理网络的建设，提升了地区整体性监管治理能力，也更大程度地提高了基层政府监管治理的发展水平，在2021年的省年度考核位居第一。2021年12月14日，住建部首次对全国297个地级城市生活垃圾分类工作开展评估，湖州市在评估中得到90.4分，位列全国中等城市第一。

2.1.2   湖州市城镇生活垃圾监管治理实施的发展历程

在制度化进程和监管治理实施互动过程中，湖州市生活垃圾分类监管治理的实施流程也十分清晰可见，这集中体现以生活垃圾生命周期为基础的处理模式上。目前，湖州市城镇整体采用的是"二次四定四分"处理模式。图 2-2 即是现阶段正在实施的根据《湖州市高标准开展城镇生活垃圾分类处理工作实施方案》中规定的城镇生活垃圾分类流程图。

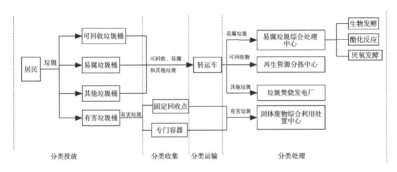

图 2-2   湖州市城镇生活垃圾分类流程图（2020～2021 年）

资料来源：作者整理

上述模式的摸索，是根据十年间湖州市按照"末端先行、首尾匹配、因地制宜、城乡统筹、政府主导、市场主体"的原则，逐步实现厨余垃圾收运、处置一体化等发展演变的阶段性结果。整个过程经历了以下的发展历程。

1. 清洁直运＋人工堆肥（2010～2012 年）

2010 年起，针对大部分垃圾中转站设施简陋问题，为减少对周边居民的不良影响，湖州市对试点单位和小区粗分出来的厨余垃圾启动清洁直运工作。垃圾直运车不再经过垃圾中转站，而是直接送往鹿山厨余垃圾处置中心。该处置中心主要采用人工分拣—机械破碎—好氧发酵—人工翻抛等方式，将厨余垃圾转化为营养土后，用于园林绿化养护管理当中。尽管当时的处置能力仅为 5 ~ 6 吨 / 日，但却迈出了全市厨余垃圾资源化利用工程实践的第一步。

2. 专线收运 + 机械堆肥（2013 ~ 2016 年）

2013 年起，随着分类覆盖面的扩大，为进一步提高厨余垃圾的收集量，市本级针对农贸（集贸）市场、水果批发市场、商场、超市等区域，开辟了 4 条厨余垃圾收运专线。同时，为进一步提高厨余垃圾处置效率，湖州市于 2013 年 9 月建成了浙江省首个厨余垃圾处理试点项目—湖州市厨余垃圾回收利用处理中心，总投资 2480 万元，处理能力达到 20 吨 / 日，利用全机械堆肥处理技术，通过预处理、发酵、后处理、残渣处置等工艺流程，将厨余垃圾转化为符合指标要求的有机肥料产品，用于园林绿化、果蔬种植等农林业领域。

3. 分类收运 + 分线处理（2017 ~ 2019 年）

2017 年起，因居民日常生活中产生的厨余垃圾和餐饮场所产生的餐厨垃圾特性不同，湖州市对易腐垃圾进一步细分，分别建立厨余垃圾和餐饮垃圾两条收运专线。同时，充分发挥市场化运作优势，湖州市于 2017 年 4 月建成投运餐厨垃圾处置中心，主要采取厨余垃圾和餐饮垃圾两条处理线，先各自预处理后，再集中发酵产沼的处理方式，实现垃圾变废为宝、循环利用。此外，原有的厨余垃圾回收利用处理中心也逐步改建成湖州市园林垃圾处理中心。

4. 源头减量 + 智慧管理（2020 至今）

2020 年起，湖州市围绕垃圾"零增长"目标，在中心城区 3 家农贸市场试点开展果蔬、菜皮等厨余垃圾就地资源化处置工作，出台《关于加强中心城市农贸市场垃圾分类设施建设管理的指导意见》，规定新建农贸市场的垃圾房内应设置易腐垃圾就地处置设备；在中心城区 8 家农贸市场开展"净菜进城"试点，中心城区涌现出像"鲜绿多""田里香""e 家美味"等多家净菜配送供应商；在所有餐饮企业开展"光盘行动"，切实提高餐厨垃圾前端减量实效等；农村厨余垃圾不再纳入城市厨余垃圾集中处理线，通过建设一批机器成肥、沼气处理等设施进行就地处置。与此同时，湖州市依托"垃圾分类智慧大脑"平台，通过厨余垃圾智能称重、运输车辆GPS定位、处置设施智能监控等功能，实现厨余垃圾从源头分类、收集、中转直至处置各环节无死角智能监管，解决各个环节的监管难题。

2.1.3 各区县生活垃圾监管治理实施特点

在湖州市城镇生活垃圾分类监管治理制度化和整体的实施方向推动下，湖州市城镇生活垃圾分类的广度和有效性在整体上呈现出一定的水平。但各区县在实施细节上还是有些差别。这些差别一方面是因地制宜，一方面也充分发挥了属地监管治理的特色。下面对湖州市各区县的不同特色进行阐述。

1. 市区

湖州市政府为了推动公民在源头的分类投放，设置了相应的激励和强制性措施。激励措施有两种：一是积分，住户达到积分要求后一个月每人有 10~15 元奖励；二是设立诚信体系，设立一定基础分，垃圾分类是诚信分的其中一项，住户如果诚信分高可以享受评优、旅游、贷款等优惠。《浙江省生活垃圾管理条例》施行之后，政府部门逐渐出台对与住户个人相应的执法措施，增强了垃圾分类的强制性。在收集方面的推动，则以考核为主。湖州市城镇社区都有智慧化监管平台，通过监管平台并根据垃圾桶上的芯片和二维码，政府监管部门可以在后台非常清晰地查看收集员是否收集到位、易腐垃圾和其他垃圾判断是否准确；可以查看每一户每一天的投放数据，运用去匿名化方式进行溯源。如果收集员收集不到位，可以从绩效考核中扣除奖金，并进行 20 元左右的罚款；对住户来说，如果一个星期达到三次投放不合格，政府监管部门就会通过短信提醒的方式进行自动反馈。湖州市有 1200 多个城镇社区，目前 60% 左右的社区已在使用智慧化监管平台；短信自动反馈系统只有部分社区在使用，大部分社区仍需进行人工筛选进行反馈。

2. 德清县

与其他区县城镇生活垃圾治理负责制不同的是，德清县是由县执法办统一负责该项工作，并且采取的是"农村包围城市"模式，即生活垃圾分类由农村开始并逐步向城市推进。德清县的垃圾分类起步相对较早，依靠"一把扫帚扫到底"的工作传统打下了良好的基础。2014年开始着手对城镇生活垃圾分类进行试点，选取了五四社区和七真社区作为试点社区，2017年德清县城镇垃圾分类已经实现了全覆盖。德清县同时在"四定四分"的基础上创造性地提出了"桶管家"模式——政府向每户居民分发垃圾桶，配备专门管理收运人员进行收集与监管，2019年"桶管家"模式彻底固定下来。同时德清县在所有区县中第一个建立了智能化监管平台，该平台可以延伸至每一户人家。县、乡镇、社区的权限各不相同，可以依据权限查看垃圾分类的具体情况并根据情况精准上门宣教。现在德清县已完成智慧化收集管理系统全覆盖，同时以住户源头分类准确率为依据，对源头分类准确率低的住户，采用发送短信、上门走访、限时督办等形式，提升源头分类质量。对于长期存在零垃圾、零参与、零投放的情况，执法局把这些住户称作"睡眠户"，经落实排查后再进行动态监测。

3. 长兴县

长兴县的城镇生活垃圾分类智能化管理平台目前独立于湖州市的智慧监管体系。全县219个社区都设置了"曝光台"以曝光垃圾乱丢、混丢等行为。同时利用现有的智慧化监管平台记录的数据与监管员的反馈信息等对住户源头分类情况实行每周评比，晾晒"红黑榜"，与"诚信指数"挂钩，直接影响信贷额度，这些奖惩措施提高了当地住户对参与生活垃圾分类的积极性，也提高了准确率。

4. 安吉县

安吉县的城镇生活垃圾分类工作是整个湖州市最早展开的，但是生活垃圾分类工作只是城镇长效管理中的一部分，因此财政拨款也并非是独立预算。关于城镇垃圾分类，安吉县有一项"垃圾不落地"的规定，分为两个模式，一个模式是"定时定点"，另一个模式是"上门回收"。两个模式现已并行使用，并在此基础上建立了安吉县的智慧化收集系统。同时安吉县集体经济较宽裕的城镇会引进物业进行管理，大大减少了熟人包庇的情况，垃圾投放的精准率因此上升。与其他区县不同的是，对于可回收物，住户把垃圾投放进智能机器的将获得一定的积分，有些社区还与银行建立合作，将积分打到住户的社保卡中，住户凭借这些积分可以兑换到商品。同时每个社区每个季度都会对积分排名较高的住户发放奖品。对于厨余垃圾，安吉县率先在报福镇的景溪社区试点进行厨余垃圾换取积分。同时安吉县推出了"两山绿币"，将住户是否参与垃圾分类、是否准确垃圾分类的行为纳入到"绿色信用"的考核体系中，社区居民每次准确的垃圾分类都将获得一定数额的"两山绿币"，"绿币"越多，"绿色信用"额度越高。"绿币"还可以直接到指定点兑换实物及进行其他消费。

总体来说，湖州市各区县根据各自基础和条件，按照以下四个方面进行：（1）规范实施标准，推动城镇生活垃圾源头分类。在这个过程中，各区县镇都按照严格的设施设备标准进行统一规范，并在此基础上进行撤桶并点，倒逼源头分类。（2）完善制度建设，推动生活垃圾整个生命周期处理工作的完成。在这个过程中，各监管治理单位加强了生活垃圾分拣站点运行与维护的管理，不断提升其分拣能力和二次分类的准确性，利用公共闲置资源完善了中转房的建设和管理以规范垃圾收运过程，通过两网合一优化整合公共资源，也通过和社会资本合作加强资源的再利用和回收，同时通过建立月通报机制，推动分类分拣、运输、处理的提质扩面。（3）强化技术支持，推动生活垃圾分类处理监管治理的流程化。在这个过程中，整体性地结合实际运营和管理的经验，加强生活垃圾分类智慧化建设，并不断地推进和优化智慧化监管治理平台建设。（4）拓宽奖惩应用，推动生活垃圾分类处理的有效性。通过"积分兑换""生态房券""诚信指数""红黑榜"等多种形式，激励公民逐步从"要我分"到"我要分""准确分"的转变。

2.2 湖州市城镇生活垃圾分类监管治理效应评价

自 2019 年起，湖州市城镇生活垃圾分类的监管治理一直在浙江省年度考核中名列第一。2021 年 12 月 14 日，住建部首次对全国 297 个地级城市生活垃圾分类工作开展评估，湖州市在评估中得到 90.4 分，位列全国中等城市第一。2.1 节简述的湖州市城镇生活垃圾监管治理的成长历程和实施特点也可见其脱颖而出的背景，但要真正评价它的效果则需要从更客观的角度来开展。根据 2.1 节阐述的两方面的发展历程和实施特点，本节主要从两方面来对其效果进行评价。即一方面是政策及其效应，它是评估生活垃圾监管治理的管理参数；另一方面是生活垃圾产生量和组成分类评价，它是评估生活垃圾监管治理的环境影响、技术选择和设施规划的事实参数。这两方面组成了生活垃圾分类效果的本地清单。

2.2.1 湖州市城镇生活垃圾分类监管治理的政策效应评价

1. 评价模型设计

为了评价湖州市垃圾监管治理政策的实施重点和政策变动的历史演进逻辑，需要构建一个基于生活垃圾分类监管治理实现路径的理论评价模型。我们参考了贝内特的环境管理模型❶，从情境认知、参与者、政策目标和政策工具组合四个节点出发，构建"湖州市生活垃圾管理的政策表达模型"，如图 2-3 所示。其中，情境认知决定了政策的参与者和政策设计目标，政府根据政策目标对不同的参与者采取不同的政策工具。情境又决定了采用的政策工具的有效性。

---

❶ Bennett N J, Whitty T S, Finkbeiner E, et al. Environmental stewardship: a conceptual review and analytical framework[J]. Environmental management, 2018, 61（4）: 597-614.

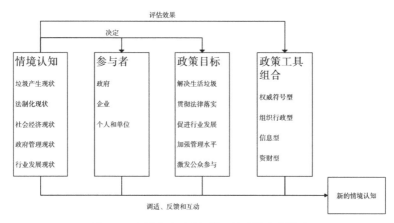

图2-3　湖州市生活垃圾管理的政策表达模型

四个模块相互调适和反馈，不断地进行互动并实现平衡，进而产生新的情境认知，进入到下一个垃圾监管治理发展阶段中。

其中，情境认知包括垃圾产生现状、法治化现状、社会经济发展现状等方面，主要强调湖州市垃圾监管治理过程中面临的现实问题，是制度化进程中相关的监管治理政策的出台和实施的基础。垃圾产生的现状决定了政策的制定目标，制度化现状为政策实施力度提供参考，社会经济发展现状确定政策的具体实施方式，政府管理和行业发展现状考量了政策主体的能力水平。

参与者包括政府、企业以及个人和单位。政府作为政策的制定和实施者，在垃圾监管治理过程中起着主导作用。企业主要参与生活垃圾的收集和处理，个人和单位则为垃圾的前端产生源，这两者在生活垃圾的管理中也扮演着重要的角色。

政策目标包括解决生活垃圾、贯彻法律落实、促进行业发展等方面。垃圾监管治理的首要目标就是解决"垃圾围城"的现象，以起到保护生态环境和提高人民生活水平的作用。地方政府为了解决生活垃圾问题，提出了大量政策要求和会议精神，新的政策出台要贯彻落实这些极具参考意义的法规和精神。此外，生活垃圾的监管治理无法仅从政府这一个着力点发挥作用，要积极地引导公众参与到垃圾管理当中。管理水平和行业发展则是对生活垃圾监管治理的能力要求。

政策工具主要包括权威符号型、组织行政型、信息型和资财型。

2. 评价方法

评价采用扎根理论为基础的质性分析方法。扎根理论最早由格拉瑟和斯特劳斯提出，其理论概念如图 2-4 所示，通过对文本进行自下而上的质性研究，对原始的资料和信息进行整理和编码，在此基础上进行分类和规划，实现资料内容的抽象化和概念化，最终形成对社会现象的理解❶。扎根理论的归纳思路及其背后的诠释主义可以弥补传统政策文本分析方法的不足，该理论认为可以将文本分析视为扎根理论分析的一部分❷。因此，我们从扎根理论出发，对湖州市 2007 年以来的 55 份政策文本进行了整理和分析，根据湖州市垃圾监管治理的政策变迁情况，将垃圾监管治理制度化进程分为两个阶段，分别为 2007～2016 年的政策发展阶段以及 2017 年以来的政策转型阶段。分析主要使用了质性分析软件 NVivo，该软件具有强大的文本分析能力，软件自带的词频分析和节点编码功能可以筛选出文本的关键词和重点参考内容，提高了质性分析的准确性和效率。

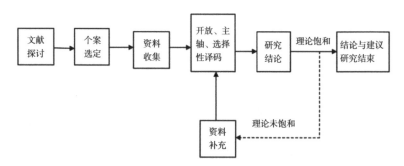

图 2-4　扎根理论概念图

---

❶　陈向明 . 扎根理论的思路和方法 [J]. 教育研究与实验，1999（4）：58-63.

❷　Walsh I，Holton J A，Bailyn L，et al. What grounded theory is...a critically reflective conversation among scholars[J]. Organizational research methods，2015，18（4）：581-599.

将湖州市 2007 年以来有关生活垃圾监管治理的 55 份文件导入 NVivo 11 中，从扎根理论出发，对政策文本进行了自下而上的路径构建，对湖州市的生活监管治理政策特征进行了三级编码，构建节点。首先是开放式编码的设计和整理，这是一个概念化和范畴化原始资料的过程，从主题出发对比资料之间的差别，同时通过对材料的分析阅读总结出初始概念和范畴[1]。湖州市生活垃圾监管治理政策的开放式编码表如表 2-2 所示。

湖州市生活垃圾监管治理政策的开放式编码表 　　　表 2-2

资料摘录	初始概念	开放性编码
德委办〔2019〕22 号：召开全县垃圾分类工作部署会，做好全面宣传动员	推动宣传动员	舆论宣传教育
德委办〔2019〕22 号：建立匹配完备的生活垃圾分类投放、分类收集、分类运输、分类处置体系	建立垃圾治理体系	处理能力建设
……	……	……

注：鉴于篇幅所限，仅展示部分编码表内容。

其次是轴心式编码的形成，在对湖州市原始资料进行整理并产生开放性编码后，基于材料的初始概念会形成若干个开放性的范畴，对其进行进一步的归纳和总结，形成了 17 个轴心式编码。轴心式编码将分裂的数据再次整合成连贯的整体，通过联系类属和亚类属的关系，探究它们之间的内在联系[2]。最后是选择编码，通过对 17 个轴心式编码的更深入归纳，最终形成 4 个核心概念，构建选择编码。对湖州市生活垃圾监管治理政策的轴心式编码和选择编码的设计如表 2-3 所示。

───────────────

[1] Howlett M. Managing the "hollow state": Procedural policy instruments and modern governance[J]. Canadian public administration, 2000, 43（4）: 412-431.

[2] 熊烨. 我国地方政策转移中的政策"再建构"研究——基于江苏省一个地级市河长制转移的扎根理论分析 [J]. 公共管理学报, 2019, 3: 131-144.

湖州市生活垃圾监管治理政策的编码设计表　　表 2-3

选择编码	轴心式编码	开放式编码
情景认知	社会经济现状	经济发展状况、城镇发展情况、公众环保意识情况
	垃圾产生现状	垃圾增长、垃圾处理问题、垃圾污染
	行业发展现状	行业管理情况、技术发展情况、无害化处理情况、设施管理发展情况
	政府管理现状	管理体制、应急机制、财政支持力度、执法力度
	法制化现状	政策和标准、法律法规
参与者	政府	政府参与垃圾治理
	企业	企业参与垃圾治理
	个人与单位	个人和单位参与垃圾治理
政策目标	促进行业发展	处理能力建设、推动科技发展、引导产业发展、鼓励社会资本参与
	加强管理水平	完善配套机制、设施运营监管、规范信息收集与发布、行政业务水平
	激发公众参与	基本信息公开、保障人民权利、引导公众形成环保意识
	贯彻法律落实	法律法规、规划要求、办法通知、会议精神
	解决生活垃圾	改善环境卫生、推动垃圾分类、减少垃圾污染
政策工具组合	权威符号型	法律出台、规定专项法规、行业或产品标准
	资财型	优惠政策、制度改革、PPP 合作探索、资金供给及管理、设施资源供给
	信息型	舆论宣传教育、信息公开制度、人才培训、志愿活动
	组织行政型	政府职责分工、市场及执法监管、部门沟通、运行运营监管、设施规划、投放收集管理、处理运行管理、转运运输规定

3. 评价结果分析

1）政策词频分析

政策词频是指词汇在政策文件中出现的频数，在一定程度上可以反映特定词汇在政策中的受重视程度。我们利用 NVivo 11 对湖州市 2007～2016 年的 14 份政策文件以及 2017～2021 年的 41 份政策文件进行了词频分析，对两阶段的生活垃圾处理政策做初步的分析。

图 2-5 和图 2-6 分别为 2007～2016 年和 2017～2021 年湖州市生活垃圾监管治理的政策词频分析结果。词频图可以直观地反映出词语在文本中出现的频数，字体越大说明该词语在文本中出现越频繁。在对两阶段政策文件的高频词进行整理和分类后，发现两者的词频图中主要有四类高频词汇：一是"垃圾、环境、城市、湖州市"等主题类词汇；二是"人民政府、单位、部门、居民"等主体类词汇；三是"处置、监管治理、建设、发展、实施"等政策执行动词；四是"收集、利用、回收"等工作内容类词汇。

虽然两阶段的政策总体方向保持一致，但是两者高频词的差别可以体现出 2016 年前后的政策文件的词汇使用特点和关注重点。从主体词汇来看，2016 年前主要以"人民政府、主管、单位"为主，且出现频率较高，"居民"也出现在词频图中，但是其词频较低，说明 2016 年前的政策文件强调政府在垃圾监管治理中的主导作用。2016 年后，"人民政府、部门"等词汇仍然是高频词，同时新增了"企业、小区、街道"等其他高频主体词汇，说明 2016 年后的政策文件不但强调政府的主导作用，还强调企业和居民等主体参与垃圾监管治理的重要性。从工作内容词汇来看，2016 年前主要出现了"收集、投放、运输、处置、分类"等高频词，说明这一阶段政府已经重视了垃圾从产生、收集到处理的过程性监管治理；2016 年后，除了"收集、处理"等关键词，还出现了"回收、利用、再生、宣传、教育"等新的高频词，说明这一阶段的垃圾管理除了强调从前端到后端的监管治理，还重视垃圾的进一步回收利用，同时也加强了对民众的舆论宣传和引导。

词频虽然能直观地展现出政策文本中的关键词，但是无法准确地反映出湖州市生活垃圾监管治理的政策重点，于是我们在编码研究的基础上，利用上文设计的模型对湖州市两个阶段的政策表达做进一步分析。

图2-5 2007~2016年湖州市生活垃圾监管治理政策词频分析

图2-6 2017~2021年湖州市生活垃圾监管治理政策词频分析

2）政策表达分析

我们首先对第一阶段（2007~2016年）湖州市有关生活垃圾监管治理的14份文件进行了编码分析，得到的政策表达模型如图2-7所示。其中的数字表示对应的轴心式编码在文本中的参考点数量，参考点越多，说明政策文件更侧重于对该节点的描述。

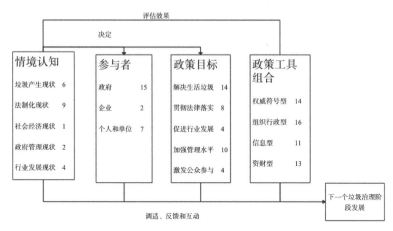

图 2-7　2007～2016 年湖州市垃圾监管治理政策表达模型阐释图

从情境认知方面来看，这一阶段的政策文本更强调对"垃圾产生现状"（6处）和"法治化现状"（9处）的描述。其中"法治化现状"主要指当前湖州市针对生活垃圾监管治理出台的各项法律法规，例如《中华人民共和国固体废物环境污染防治法》《浙江省资源综合利用促进条例》《城市市容和环境卫生管理条例》等。说明在这一阶段，湖州市在垃圾监管治理方面就已经形成了较为完整的法律法规体系，强调法律条例在生活垃圾管理中的地位，这也和政府管理目标中的出现频率较高的"贯彻法律落实"（8处）相对应。这一阶段的"垃圾产生现状"主要包括垃圾增长（生活垃圾的生产量逐年增长，城市垃圾问题日趋严峻）、垃圾污染（垃圾渗滤液不妥善处理会给水体和土壤造成严重污染）和垃圾处理情况（中转站中垃圾转运量已接近饱和，设施设备陈旧老化），这些对垃圾产生现状的描述表明了政策实施的必要性，同时与政策目标中出现频率最高的"解决生活垃圾"（14处）相对应。关于情境认知的其他三个方面的描述在政策文本出现的频率不高，但是也可以体现出政策制定者对这些现象的思考和重视。

从参与者角度来看，这一阶段的政策文件更多强调了政府（15

处）在垃圾监管治理中的主导作用，主要包括市环保局、工商局等相关部门。其次是关于个人和单位（7处），作为生活垃圾的生产源，这一阶段的政策文件虽然也重视其在垃圾管理中的作用，但是重视度还有所欠缺。关注度最低的是企业（2处），说明2016年前的垃圾监管治理中还没有强调企业等社会力量的作用。这也与词频图分析的结果一致。

从政策目标角度来看，除了与情境认知相对应的"解决生活垃圾"和"贯彻法律落实"，这一时期的政策文件中出现频率较高的还有"加强管理水平"（10处），主要包括完善配套机制（建立分类收集处置体系，制定和完善相关管理制度）和提高行政业务水平（提高城市环境卫生管理水平）。此外，本阶段涉及"促进行业发展"（4处）和"激发公众参与"（4处）的政策目标较少，说明政策制定者在该方面的关注度较低。

从政策工具组合角度来看，这一时期使用最多的政策工具是"组织行政型"（16处），主要包括政府的监督管理、各类年度目标和计划的实施、各种管理体系的建设等，这充分体现了政府为了保证垃圾监管治理有序进行在监管上做出的努力。此外，"权威符号型"（14处）工具出现的频率也较高，主要指针对垃圾监管治理出台各类法律法规和行业标准。除了综合性的法律法规，这一时期的权威手段以责令和罚款为多。"信息型"（11处）和"资财型"（13处）虽然比前两种工具的使用频率低，但是也在政策文件中得到了充分的重视，政府强调了对各类信息的公布强度和对垃圾管理的财政支持力度。

接着，我们对第二阶段（2017～2021年）湖州市有关生活垃圾监管治理的41份文件进行了编码分析，得到的政策表达模型如图2-8所示。

从情境认知来看，和2016年前的政策文件相对比，这一阶段的政策同样强调对"法治化现状"（22处）的描述，说明湖州市始终关注生活垃圾监管治理的法律体系的建立和完善。不同的是，

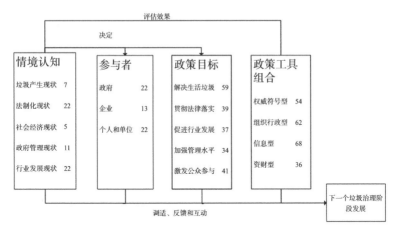

图 2-8 2017~2021 年湖州市垃圾监管治理政策表达模型阐释图

这一时期的政策加强了对"行业发展现状"（22 处）的关注，主要关注设施的管理情况（完成了中心城区 2 个垃圾中转站建筑，提升垃圾分拣、集散能力）和无害化处理能力（餐厨垃圾资源化综合利用和无害化处理工程）。该阶段的政策文本对"垃圾产生现状"（7 处）、"社会经济现状"（5 处）和"政府管理现状"（11 处）的描述较少，其中"垃圾产生现状"重点描述了建筑垃圾、快递业垃圾等的产生，对政策目标的细节提出了要求；"社会经济现状"突出表达了现阶段居民环保意识的不足，进一步发现这一时期的政策目标加强了对"激发公众参与"（41 处）的重视，政府也增加了"信息型"（68 处）政策工具的使用。

从参与者角度来看，2016 年后湖州市生活垃圾监管治理不仅强调"政府"（22 处）的主导作用，还增加了"个体和单位"（22 处）和"企业"（13 处）的参与，说明这一阶段湖州市充分认识到了生活垃圾监管治理中多元参与的重要性。从"个体和单位"来看，该阶段的政策更加强调个人维护市容和环境卫生的义务、居民生活垃圾初次分类的参与率和准确率、全民参与垃圾监管治理的良好氛围。从"企业"来看，2016 年后的政策文件多次提及了物业公司、垃圾收运处置企业、再生资源回收骨干公司，对相关企业的发展提出了要求。

从政策目标来看，这一阶段的政策文本最强调的仍然是"解决生活垃圾"（59处），说明政府政策制定的出发点始终是防治"垃圾围城"、实现"减量化、资源化、无害化"、提升人居环境和生活品质。由于多元监管治理理念的发展，"激发公众参与"也成为政策制定的又一大目标，注重调动社会多方参与的能动性和创造性，以形成全民参与、全民重视、全民知晓的良好社会氛围。"贯彻法律落实"（39处）始终是政策制定的重点目标，这一阶段的政策除了重视各项法律法规在监管治理中的原则性作用，还强调了党的十九大精神、习近平总书记关于垃圾分类工作的重要指示精神、"两山"理念等重要思想精神的指导性作用。此外，"促进行业发展"和"加强管理水平"这两个目标也受到了较大的关注，保证环保产业的持续健康发展，建立技术先进、管理规范、能力富余、竞争充分的全种类固体废物综合利用处置体系，提高科学化、精细化、智能化管理水平。

从政策工具组合来看，这一阶段的政策文件大大加强了对"信息型"工具的使用，更加注重各种形式的宣传教育活动，开展针对垃圾监管治理知识的培训，同时还支持慈善、环保等公益组织和志愿者参与生活垃圾分类的宣传、引导、示范和监督。"组织行政型"（62处）工具在这一阶段仍然是政策工作的重点，主要是有关部门的组织领导、体系建设和工作机制的健全发展。2016年以来，"权威符号型"（54处）工具的使用也得到了重视和发展，在已有的法律法规和行业标准的基础上，湖州市在这一阶段提出要加强顶层设计，着力打造"1+4+10"的政策标准体系，在完善政策的同时规范管理。此外，和其他工具相比，"资财型"（36处）工具的使用频率虽然相对降低，但还是受到了一定的关注度，这一阶段除了为垃圾监管治理工作提供财政支持、推进设施建设以外，湖州市还大力支持通过PPP方式，组建再生资源回收利用体系，探索垃圾监管治理新模式。

3）评价小结

我们利用 NVivo 分析软件以及扎根理论的归纳思路对湖州市2007～2021 年的 55 份政策文件进行了文本分析，并通过模型表达的方式解析了 2016 年前后两个阶段的政策表达重点，对湖州市生活垃圾监管治理政策的认知有一定的意义。2016 年之前，湖州市的垃圾监管治理的关注点在于政府主导，个人和企业在管理过程中主要起辅助性的作用。生活垃圾的激增对政策的制定和实施提出了要求，这一阶段的政策目标以解决城市生活垃圾为中心。从维护市容和环境卫生、提高居民生活质量出发，以现有的法制体系为基础，采取了一系列的政策组合，主要表现在监管治理体系的建设、监管的有效实施、法规标准的实施以及财政方面的支持。2016 年之后，湖州市的垃圾监管治理进入了新阶段。第一，从原先的政府主导型监管治理体系慢慢演变为多元参与的社会监管治理体系，开始重视企业和个人在生活垃圾监管治理中的作用。第二，在政策目标上，从强调解决生活垃圾、提高管理水平慢慢升级为综合性的管理目标，在强调解决垃圾问题和提高管理水平的同时，还注重行业发展和公众参与，以建立一套绿色健康的垃圾监管治理体系，营造全社会参与的良好氛围。第三，2016 年后湖州市加强了教育和倡导方面的内容，通过宣传教育、舆论引导、信息公开、组织培训、志愿服务等活动，对处于垃圾产生源头的居民进行行为引导，以减少垃圾的产生，实现垃圾监管治理的良性循环。

2.2.2 湖州市城镇生活垃圾分类监管治理的实施效应评价

城镇生活垃圾分类监管治理的实施效应主要体现在生活垃圾产生量、组分分类处理以及它们随时间变化的情况。

1. 湖州市城镇生活垃圾产量及组分状况

1）湖州市城镇生活垃圾产量状况

取 2020 年 11 月～2021 年 11 月的数据分析得到，湖州市人均日产生活垃圾总量 1.77kg，其中易腐垃圾 0.33kg、其他垃圾 1.44kg。

对比南北方城市，湖州市人均日垃圾总量略高于预测的 2020 年南方某城市人均日 1.55kg❶ 和北方大连市人均日 1.41kg❷。可见，湖州市整体的生活垃圾产生量较高，这与它是较发达地区且正处于城镇化较快发展阶段有关。

仔细分析湖州市各区县的生活垃圾产生量，发现各区县各不相同。从人均月垃圾产生总量来看，湖州市各个区县的垃圾产生水平差别较大，如图 2-9 所示。其中吴兴区的人均垃圾生产最多，高达 91.58kg/ 月。其次是安吉县、南浔区和长兴县，人均垃圾产量依次为 76.5kg/ 月、75.2kg/ 月和 49.89kg/ 月。市区和德清县的人均垃圾产生水平较低，分别为 13.3kg/ 月和 12.19kg/ 月。吴兴区、南浔区是湖州市最重要的老旧中心城区，经济发达，安吉县为旅游大县，这三个地方的人均月产生活垃圾远高于平均水平。可见，生活垃圾

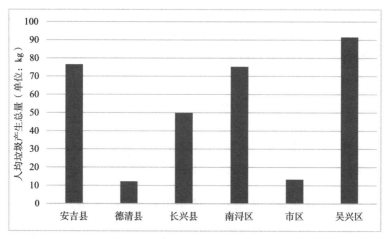

图 2-9 湖州市各区县的人均月垃圾产生总量
（取 2020 年 11 月 ~ 2021 年 11 月数据）

---

❶ 胡涛，钱萌，孙国芬 . 城市生活垃圾产生量预测研究——以南方某市为例 [J]. 环境卫生工程，2018，26（2）：36-38.

❷ 汪坪垚，章华涵，姜勇 . 大连市主辖区生活垃圾产生量预测 [J]. 环境卫生工程，2019，27（2）：41-44.

产量很可能受到各区县的经济发展状况（以人均 GDP 差别为例）的影响，由表 2-4 可知，这三个生活垃圾产量较高的区县人均 GDP 也是名列前三。

湖州市各区县人均月产生活垃圾总量与 GDP 对比　　　表 2-4

区域	人均垃圾总量（kg/月）	2020 人均 GDP（万元）
安吉县	76.5	130647
德清县	12.19	95536
长兴县	49.89	110178
南浔区	75.21	122787
市区	13.3	103036
吴兴区	91.58	157718

2）湖州市城镇生活垃圾组分状况

从垃圾产生分布情况来看（图 2-10），湖州市各县区存在一些共性。除了德清县以外，人均其他垃圾产生占比普遍较高，市区、南浔区、长兴县和安吉县超过了 80%。可见，湖州市的生活垃圾分类处理压力主要来自其他垃圾，能否对其他垃圾进行细分，并通过合理的监管治理使其资源化率、利用率和无害化率提高是关键。

进一步分析发现，生活垃圾的组分受月份波动的影响较大，如图 2-11 所示，一整年中，各个月份的不同组分的垃圾波动状况不同，2 ~ 3 月的春节期间其他垃圾明显增多，而 8 ~ 11 月的易腐垃圾和餐饮垃圾都会增多。同时，虽然经济水平比较明显地影响了生活垃圾的产量，但就生活垃圾的组分而言，主要受属地特点影响。如吴兴区和南浔区的经济发展状况接近，人均月产生活垃圾量也接近，但垃圾组分的情况会有较大的不同。如图 2-12 和图 2-13 所示，吴兴区的其他垃圾占比总体上比南浔区要低，而易腐垃圾占比要高，这主要受其属地特点的影响。吴兴区属于老城区，含更多的生活小区，而南浔区为新兴工业城区，含更多的商业社区，其所产生的餐饮和厨余占比更高一些。

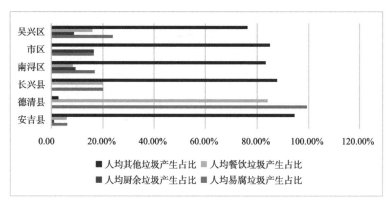

图 2-10 湖州各县区人均垃圾产生分布情况

（取 2020 年 11 月~2021 年 11 月数据）

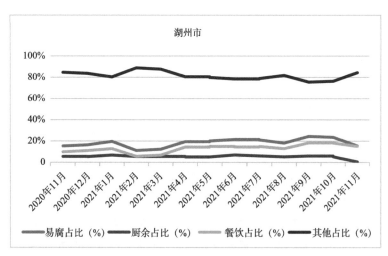

图 2-11 湖州市不同月份的各类垃圾组分占比

（取 2020 年 11 月~2021 年 11 月数据）

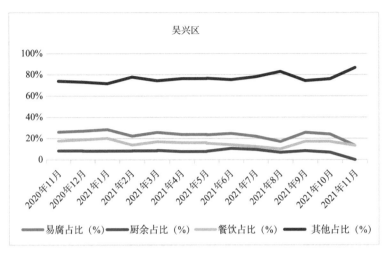

图 2-12 吴兴区不同月份的各类垃圾组分占比

（取 2020 年 11 月~2021 年 11 月整年数据）

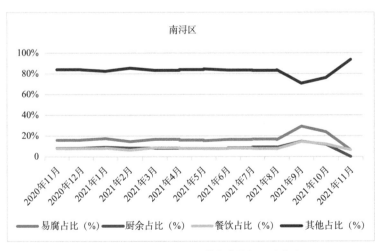

图 2-13 南浔区不同月份的各类垃圾组分占比

（取 2020 年 11 月~2021 年 11 月整年数据）

总的来说，即使是同一制度化进程和监管治理实施区域下，不同的区县生活垃圾产量和组分也是不同的，这给城镇生活垃圾的监管治理带来多样性和复杂性。虽然生活垃圾产生量和组分受到个体（生活习惯、家庭规模等）、区位（气候特征、城市化水平、城市规模、社会经济发展）和制度（回收政策）等多重因素综合影响，但它们依然是客观评价生活垃圾监管治理的环境影响、技术选择和设施规划的事实参数❶。因此，在了解湖州市生活垃圾产量和组分这些基本事实参数的基础上，我们通过分析一些受监管治理影响的变化来进一步探究生活垃圾监管治理效应的影响。

2. 湖州市城镇生活垃圾产量变化和处理效应

1）湖州市城镇生活垃圾产量变化

从上述湖州市的生活垃圾产生情况来看，生活垃圾中其他垃圾占比最多，易腐垃圾和可回收物的占比相接近，有害垃圾占比最少，它们成为生活垃圾监管治理的复杂对象。现实中，在监管治理加强之初，很多垃圾并没有被"有序化"，甚至有很多垃圾处于"失控状态"。随着监管治理的加强，失控或无序的垃圾逐渐被有效地控制或利用起来，同时源头减量的效应可能也会逐渐显现出来。因此，城镇生活垃圾的监管治理对于生活垃圾产量而言应该有一个先增加后稳定甚至减少的过程，湖州市的数据能表明这点。

首先，生活垃圾产量有一个增长过程，如图 2-14 所示。2016年到 2019 年，各类垃圾产生量有不同程度的增加，其中易腐垃圾从0.76 万 t 增长到 20.46 万 t，可回收物从 6.37 万 t 增长到 17.55 万 t，其他垃圾从 106.18 万 t 增长到 112.32 万 t，有害垃圾从 23t 增长到34t。2019 年后，各类垃圾的产生趋于稳定。

其次，生活垃圾产生总体将呈波动下降趋势，如图 2-15 所示。从垃圾产生总量来看，2020 年 11 月至 2021 年 11 月，湖州市的垃

---

❶ Nguyen K L P, Chuang Y H, Chen H W, et al. Impacts of socioeconomic changes on municipal solid waste characteristics in Taiwan[J]. Resources, conservation and recycling, 2020, 161: 104-931.

圾产生总体呈波动下降趋势，变化起伏较大，其中垃圾产生的高峰期为 2020 年 11 月、12 月和 2021 年 3 月，这三个月的垃圾产生均超过了 10 万 t，其他月份的垃圾产生中，除了 2021 年 2 月的产生总量达到了 9 万 t，其他月份均低于 8 万 t，2021 年 9 月后的垃圾产生总量更是低于 6 万 t。从图 2-16 我们也能够清楚地看到湖州市相关垃圾组分是在逐渐减少的，除了 2、3 月份的春节前后和 7、8 月份的暑假垃圾产生量有所增加，其他月份都有所减少。

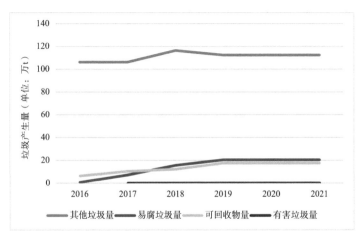

图 2-14　湖州市生活垃圾年产生量变化图

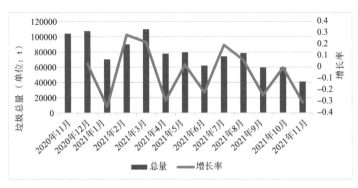

图 2-15　湖州市 2020 年 11 月～2021 年 11 月垃圾总量变化图

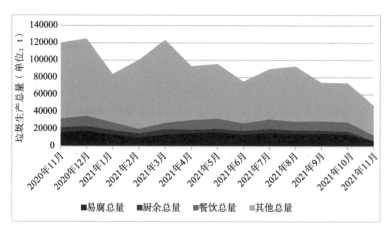

图 2-16　湖州市 2020 年 11 月～2021 年 11 月不同组分垃圾产生量变化图

再次，单个组分的减少量将较为明显。以易腐垃圾和其他垃圾为例，如图 2-17 所示，从易腐垃圾产生总量变化来看，2020 年 11 月～2021 年 11 月，湖州市的易腐垃圾产生在总体稳定的情况下呈现出小范围的波动。2020 年 11 月、2020 年 12 月和 2021 年 5 月的易腐垃圾产生相对较多，均在 1.6 万 t 以上。2021 年 2 月和 2021 年 11 月，湖州的易腐垃圾产生较少，后者降至 6418t，其他月份湖州市易腐垃圾的产生量较为平衡，均在 1.3 万 t 至 1.6 万 t 之间波动，但总体呈下降的趋势，说明其垃圾分类起到一个正向积极作用。如图 2-18 所示，湖州市其他垃圾总量虽然呈现为上下起伏的波动，但总体上是在逐渐减少的，垃圾产生的高峰期为 2 月和 3 月的寒假与春节。但相对于 2020 年，湖州市 2021 年的其他垃圾产生量有明显的减少。

2）湖州市城镇生活垃圾处理效应

进一步综合来看，"四率"，即生活垃圾增长率、精准分类覆盖率、资源化利用率、无害化处理率，代表了监管治理的实施目标。"四率"的优化和协同作用也意味着生活垃圾生命周期的完整性，有利于减少垃圾对环境的影响以及增加垃圾资源利用的有效性。通过分析

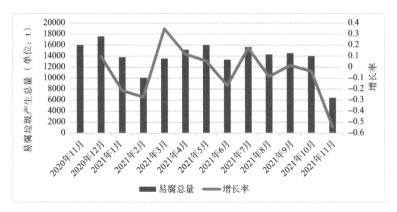

图 2-17　湖州市 2020 年 11 月~2021 年 11 月易腐垃圾总量变化图

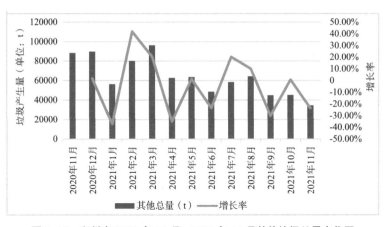

图 2-18　湖州市 2020 年 11 月~2021 年 11 月其他垃圾总量变化图

2016 年以来湖州市城镇生活垃圾"四率"的变化（图 2-19），我们可以看到 2016 年以来，湖州市生活垃圾增长率递减，在 2019 年之后实现了负增长，有趋于稳定的趋势，开始源头减量。从精准分类率来看，湖州市的垃圾精准分类覆盖率整体呈上升趋势，其中更是实现了从 2%（2017 年）到 78.4%（2018 年）的大幅度提升，最终在 2020 年实现了 100% 的垃圾精准分类覆盖率。此外，2016 年以来，湖州市生活垃圾的资源化利用率和无害化处理率一直处于较高水平，资源化利用率从 2016 年的 95.3% 增长到 2018 年后的 100%，无害化处理率则一直处于 100% 的高水平。从"四率"的变化以及上述的生活垃圾产量和组分的变化可以看出，湖州市城镇生活垃圾的监管治理起到了非常积极的作用。

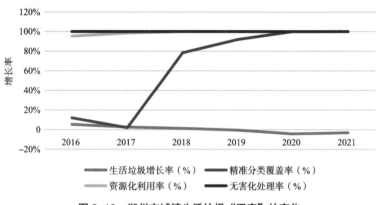

图 2-19　湖州市城镇生活垃圾"四率"的变化

图 2-19 同时指出，湖州市 2020 年后资源化利用率和无害化率都达到了 100% 的高水平，意味着所有的分类垃圾最终都有了去处。目前，湖州市最为成熟且值得我们借鉴的就是关于餐厨垃圾的利用处理（如图 2-20 所示）。此外，湖州市也正在长兴县进行易腐垃圾堆肥"试点"，长兴金耀再生资源公司于 2021 年 5 月获得浙江省第二张、湖州市首张易腐垃圾有机肥登记证书。

　　3）评价小结

　　作为经济较发达地区的中等城市，湖州市的生活垃圾分类面临多样性和复杂性的挑战。通过其生活垃圾监管治理的本地化清单数据，我们可以相对清楚地了解它的现状并探究监管治理对它的影响。通过上述相关数据分析，我们发现湖州市城镇生活垃圾分类的减量正在形成一定的趋势，且从总体上来看，现有的本地化参数能在一定程度上说明湖州市城镇生活垃圾监管治理所产生的积极影响。

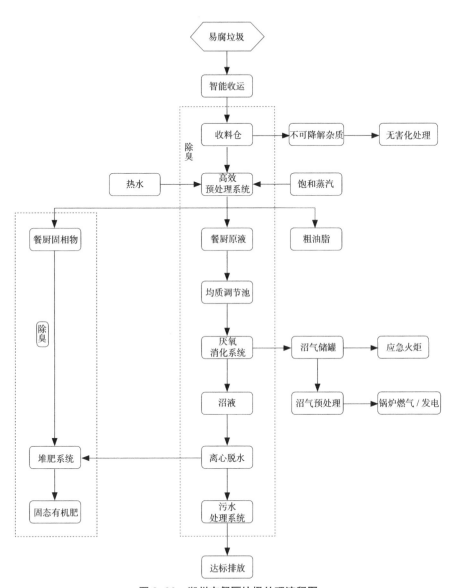

图 2-20 湖州市餐厨垃圾处理流程图

事实上，评价"湖州市城镇生活垃圾分类监管治理是否真的有效？"这个问题本身具有挑战性，也非常有难度。这类似于回答"中国的城镇生活垃圾监管治理是否有效？"。如果仅从第 2.1 节所阐述的和第 2.2 节分析的，都不足以回答该问题。受其复杂性、现实数据和时间限制，经济性的量化评价非常难，我们无法进行最直观的经济性比较，如监管治理的相关措施（"改革"行动）前后的投入、单位成本、产出、成效等。同时，这样的评估不符合生态文明发展观下治理价值实现的多元性原则。生活垃圾的监管治理属于更具整体性的社会治理领域，应包含物质经济价值、生态环境价值以及社会即人的全面价值等多元价值的结构性协调，以获得整体发展的最佳均衡效益。

2.3 基于"过程—结构"视角的生活垃圾分类监管治理

本研究的目的不是为了证明有效性，而是聚焦"有用性"。即通过湖州市地方政府在自发努力的前行过程中，架构起基于生活垃圾生命周期的监管治理行动框架所带来的一些结果上的积极变化，来反思和发掘该管理实践背后的管理要素及其应用的合适条件或机制，从而思考城镇生活垃圾监管治理的可持续性。本质上，监管治理是一个管理过程，是对复杂管理对象的一种行为干预。在该过程中存在着制度化的空间以及制度执行的回旋余地，也存在更多协作者或利益相关者的参与和贡献❶。因此，考察湖州市城镇生活垃圾的监管治理需要更加深入的洞察视角，我们认为从基于"过程—结构"视角来考察，更符合公共管理者不断在理论与实践互动中提升管理能力的需求。

---

❶ Steuer B. Is China's regulatory system on urban household waste collection effective? An evidence-based analysis on the evolution of formal rules and contravening informal practices[J]. Journal of Chinese governance, 2017, 2（4）: 411-436.

2.3.1 "过程—结构"视角下的生活垃圾分类监管治理执行框架

"过程—结构"视角在环境治理领域得到越来越多的重视。从该视角出发来研究的对象后面可能蕴含一些社会现象的公共性、可重现性、可预期性、整体性和历史性,尤其是社会行为与特定环境的关联,更能洞察和挖掘其背后的结构和制度对行动者行为的影响❶。该视角认为,社会结构和社会制度与作为行动者的组织及个人之间并不是单向的决定关系,而是一个彼此互动的动态过程❷。生活垃圾分类是一个广泛的特定环境治理领域,它事关每个人,更以集体行动决定成败。每个人每天都离不开"吃喝拉撒""柴米油盐酱醋"等生活之事。可以说,生活本身就是一个资源不断消耗,垃圾不断产生的过程,个体行动直接影响着生活垃圾分类能否从源头流程有序地走出来。而集体行动,则更多的是规制的过程和结果。因此生活垃圾分类的监管治理的关键是集体行动规制框架设计和机制运行。那么谁来设计监管治理的行动框架和运行相关的行动机制呢? 我们认为,是那些促进生活垃圾分类集体行动的重要公共管理者。《重要的公共管理者》一书曾提到❸,公共管理者面临一些典型的独特性问题,如他们是在社会系统中进行的管理、他们需要满足公共责任性的特殊要求、他们需要认识形形色色的公众行为、他们需要分配公共服务、他们需要因问题或任务导向与不同的相关利益者结成伙伴关系或在部门之间形成协同治理网络关系、他们需要评估多元性的绩效以及他们还需要在变化中不断学习以承担社会变革所带来的更大的责任。在应对生活垃圾分类这个管理对象上,他们集个体行动与集体行动于一体,因为他们本身离不开息息相关的生

---

❶ 张静 . 案例分析的目标:从故事到知识 [J]. 中国社会科学,2018,8:126-142.

❷ 谢立中 . 结构—制度分析,还是过程—事件分析?[J]. 中国农业大学学报(社会科学版),2007,24(4):12-31.

❸ 克里斯托夫·鲍利特 . 重要的公共管理者 [M]. 孙迎春译 . 北京:北京大学出版社,2011.

活，需要在个体行动层面上进行优化或改进，同时还需要站在公共管理者的角度，为集体行动的促进和实现进行制度设计和机制运行。因此理解"过程—结构"视角下的生活垃圾分类的监管治理，首先需要了解那些重要的公共管理者主导的生活垃圾分类监管治理的执行框架的建设过程。

湖州市于 2017 年成立了市生活垃圾分类工作领导小组办公室，简称分类办。分类办的 7 名成员来自市建设部门、环卫部门、宣传部门等重点工作部门，专职成立相对独立的垃圾分类监管部门，具体负责生活垃圾分类投放、分拣、收运、处置的监管政策供给，包括工作标准的制定、垃圾收集和减量的激励措施、垃圾分类效果的评价方案等。分类办隶属于市委办公室，它具有行政系统上的最高统筹职权，分类办即是通过它来协调其他相关行政部门的监管政策。湖州市委办于 2018 年 4 月出台《湖州市生活垃圾分类实施方案》文件，文件确立了来自 40 个行政部门的 41 位领导组成湖州市生活垃圾分类工作领导小组，由市委副书记兼市长担任组长。各个部门涉及单位强制分类方案、居民分类方案、前端投放、中端收运、末端处理、餐厨垃圾协议收运体系、再生资源回收利用体系、大件垃圾集中拆分体系、日常生活垃圾细分处置体系、源头减量专项行动、回收利用专项行动、制度创新专项行动、处置能力提升专项行动、文明风尚专项行动等具体任务。这些任务即是构建垃圾分类体系的基础工作，并且这些工作的大部分需要在 2018 年完成。分类办在湖州市委办的支持和分类工作领导小组办公室的具体指导下，在 2019 年 10 月前，即支持各行政部门出台了一系列监管政策 40 多个，包括生活垃圾现场巡查、质量考评、监督检查、信息报告（披露）、宣传工作考核评分办法、各部门生活垃圾分类工作考核评价（涉及 31 个行政单位的考核）、各部门相关职责落实要求等考评及督促方法。同时，分类办还承担基于社会评价的监管工作，各行政部门的相关工作一旦出现媒体曝光、群体事件、违规行为、领导批评、督察整改等情况，分类办有权进行记录和工作考核扣分，而对于表扬或社会肯定的工作，也给予奖励积分。湖州市委办于 2019 年 8 月推出《湖州市建设生活垃圾分类全国示范市工作方案》，强化了各部门的相关工作，并进一步明确市人大常委会作为监管推进组，以推动整个生活垃圾分类监管体系的建设。图 2-21 为分类办作为监管部门的组织工作关系和职能的综合表达。

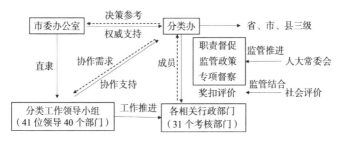

图 2-21 湖州市城镇生活垃圾分类监管治理的执行框架

从上述的生活垃圾分类监管治理的执行框架可以看出，地方政府部门已经打破传统的"官僚制"体系下的纵向任务体系，而更多地建立起了横向的组织网络并通过协作治理来构建起具有共同目标的执行框架。也可以说，这是一种地方政府主导式的行动网络体系。

2.3.2 "过程—结构"视角下的监管治理行动网络促进过程概览

行动网络会带来任务的协同和目标的实现，那么湖州市是怎样促进这样的行动网络建设过程的呢？即湖州市城镇生活垃圾分类监管治理执行框架如何落实在管理过程中？基于"过程—结构"视角，我们发现"以评促建"的考核机制起到了关键的作用。湖州市城镇生活垃圾分类监管治理"以评促建"进程最早开始于工作考核体系，而且是单位强制性分类的考核体系。单位强制性分类于 2017 年底开展，至 2018 年初的效果即十分明显。于是分类办于 2018 年 3 月即出台单位强制性分类考核指标以推动单位强制性分类的制度化。考核主要对组织领导、规章制度、宣传培训、设施配置、分类实效等明确任务模块进行。其中分类实效占比达50%，要求参与率达到100%、准确率达到85%，这项指标的权重和要求都很高，属于由此带动的强监管模式。规章制度、宣传培训和设施配置相关工作必须得跟上，才能保障此项分类的实效，如图2-22所示。

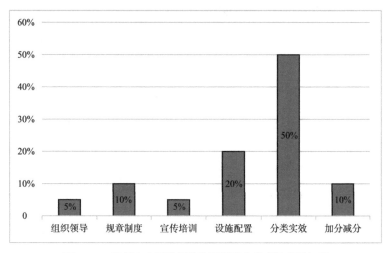

图2-22 湖州市生活垃圾单位强制性分类考核项目权重

在强制性分类实施的带动下，2018年3月全市三区三县的小区也进行了生活垃圾的强制性分类，并对相关的行政部门进行了工作考核推动。从考核设置的内容看（图2-23），共有18项协同工作的指标，除了源头治理（单位、居民、农村分类总和达到65%工作比重）以外，规范收运、无害处理、回收利用、设施建设、基本制度和经费保障等也是该阶段的重要工作。这些工作能够有效地保障源头分类后的垃圾能够有效地处理及产生循环效益。

2019年，随着精准分类的主流化和分类效果的持续，在工作效率和成果要求的压力下，相应的行政部门面临着新的监管要求。

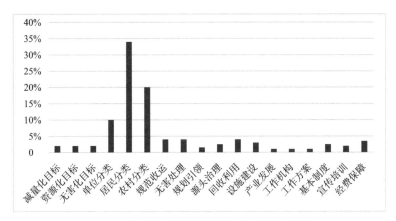

图 2-23　湖州市生活垃圾分类工作考核权重分布

于是湖州市的垃圾分类工作评价的指标体系在参考省级监管部门出台的垃圾分类工作评价指标体系的基础上，更改了考核的重点，对每个被监管的部门进行定量考核，指定被考核的行政部门达 19 个，对其制定明确工作的权重和牵头频次（图 2-24）。建设局的牵头频次接近 35%，承担着所有垃圾分类系统工作中约 1/3 的工作，几乎涉及生活垃圾分类的每个流程；商务局承担源头减量和商业行业监管；发改委承担产业规划、项目立项和收费机制方面的引领工作；文明办担负重要的宣传和社会教育工作；生态环境局承担危险废弃物和生态修复等相关监管工作；统计局和其他相关重点部门建立包括社会评价在内的大数据信息监管平台，发挥信息化在垃圾分类监管体系中的作用；分类办作为监管部门不仅承担监管制度供给的保障，更承担对各个部门的定量和动态考核。可见，城镇生活垃圾的重点监管治理中心部门为建设局，商务局、发改委、文明办、生态环境局、统计局是重要行动网络成员部门。

目标考核是地方政府管理普遍采用的考核机制，一般包括基于工作任务的考核和基于工作绩效的考核。它们能够体现公共管理和服务的高标准化和高质量化。考核指标一般是当地政府动态地根据现有条件或参照上级监管机构制定的考核体系来对各参与行政部门

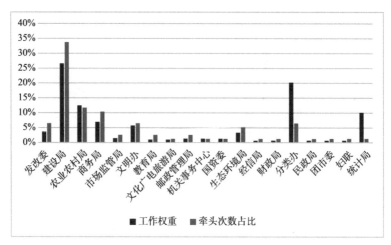

图 2-24 湖州市生活垃圾分类监管治理单位牵头次数占比和工作权重

进行考核以促进它们的协同和工作成效，因此整个考核过程即是一个监管治理"形成性"的过程，管理实践中的"以评促建"有其非常实用的一面。

行动网络的形成同时需要一些"结构性"要素的保障。湖州市城镇生活垃圾分类监管治理执行框架体系运作的日益优化、连年的省年度考核第一以及名列全国中等城市首位的成果等，也同时说明湖州市城镇生活垃圾分类有"结构性"保障要素的作用。结合前面分析，我们认为，制度化过程中所体现的一些要素特点是其最重要的保障要素。那么总结而言，湖州市城镇生活垃圾分类监管治理的制度化特点到底有哪些呢？我们再次按照图 2-3 所示的政策表达模型来回顾一下它的政策进程，如图 2-25 所示。

结合图 2-25 的各方面的制度化进程、前述几节中所阐述的分析焦点、我们在实践中的思考，概括其制度化进程的特点如下：（1）制度经验以及人才在制度化建构中的启动作用。城镇生活垃圾制度化是一个系统工作。在垃圾分类制度化早期，相关的立法和规制还未完善，湖州市在环保制度创新方面具有的丰富经验，"两

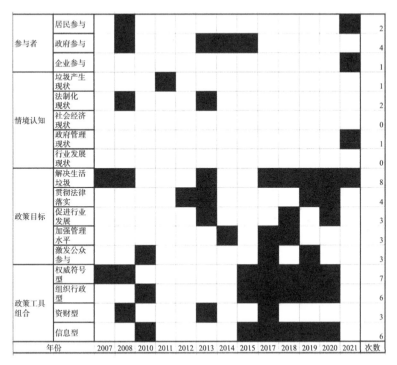

图2-25　湖州市城镇生活垃圾监管治理政策进程

山"理论、"湖长"制和"五水共治"制等的提出或卓越实践，都给湖州市政府体系留下了丰富的显性和隐性的制度、知识和人才。它们在领导、协同、决策、执行等各方面提供了支持和资源的整合。（2）利用早期制度化优势进行快速的强制性制度变迁。这是组织和制度互动过程中实现的效能，它通过限制组织的选择来实现规范的认可❶。早期快速并高效地带动了该市近1/3家庭的行为规范化，在此基础上，进一步结合部门角色、规范和职责，进行行业联动和全域监管治理，使得相关制度以及组织之间都实现互

---

❶　沃尔特·鲍威尔，保罗·迪马吉奥.组织分析的新制度主义 [M].上海：上海人民出版社，2008.

动，带来全面的生活垃圾分类系统的强制性制度变迁。（3）基于自觉分类和环保文化营造的诱致性分类制度化。从行为改变的角度，湖州市的各种分类的引导和规范的约束，使得分类的参与和准确性都比较高。长此以往，居民将养成稳固的行为习惯，并且这种习惯通过环保文化的激励，如荣誉评比、公约签订、党群互动、学校教育等，使得垃圾分类的社会规范逐步被认同，形成集体行动文化，稳固续存于社会发展中，顺利实现诱致性制度变迁的路径演化。（4）利用组合政策工具来整合多元目标，并将其贯穿到生活垃圾生命周期管理制度化过程中。我们看到越到后期，多元工具的应用和多元目标的整合更加明显，权威符号型、组织行政型、信息型的政策工具应用较多，财资型的政策工具反而较少，这从某种意义上反映出在整个生活垃圾分类监管治理的过程中，政府并没有将财资型的政策工具放到"主力"位置，更多地从自身改革、行动促进以及社会创新的角度进行全面推动。这从侧面反映出监管治理成本可以通过自身能力和社会参与水平的提高而得到节省。（5）因地制宜，采用助推小技巧：媒体晾晒，联合湖州媒体的力量如湖州日报、湖州电视台发布垃圾分类相关的报道，做得好进行表扬，做得不好进行曝光鞭策；限期整改，对区县、行业、中心城区所辖乡镇街道、重点单位推进不平衡情况下发整改通知书，并要求每月汇报有关落实措施和推进情况；完善机制，对督察机制、通报机制和考核机制进行相应的完善；组织约谈，对于整改不落实、进展不明显的，将对其负责的干部进行约谈。

第3章

湖州市城镇生活垃圾分类监管治理的
实践特色机制

我国的城镇生活垃圾分类以"试点"和"标杆"建设并进的方式在不断推进。湖州市连续三年（2019～2021年）获得浙江省垃圾分类政府考核第一。围绕垃圾总量"零增长"的目标，湖州市也在全省率先实现了市域垃圾焚烧、无害化处置设施的全覆盖，在全国率先探索了精准分类模式，做到了先试先行、先走一步，成为浙江省内的标杆。那么，湖州市在这"标杆"实现的背后，有哪些实践特色机制，使得其在对应的政府考核中脱颖而出？我们继续依循上一章评价得出的基于"有用性"导向的"过程—结构"视角来探索湖州市城镇生活垃圾分类监管治理的特色机制。

3.1 "由内而外"的"标杆"建设机制

首先，湖州市同样经历了一系列的"标杆"建设工作，但它的"标杆"建设显现出从"单位强制性分类到垃圾生命周期治理的变革"路径特色。

3.1.1 "标杆"的建设性作用

"标杆"一词，最早源于机械制造工业，即制造零件时使用的标准，但现特指最佳实践、学习的基准。标杆管理法由美国施乐公司于1979年首创。罗伯特·开普认为标杆管理就是"一个将产品、服务和实践与最强大的竞争对手或是行业领导者相比较的持续流程"。美国生产力与质量中心（APQC）给标杆管理下的定义是：标杆管理是一个系统的、持续的评估过程，通过不断地将企业流程与世界上居领先地位的企业相比较，以获得帮助企业改善经营绩效的信息。在此基础上，标杆管理理论不断发展，标杆管理理论指的是与领先企业比较的持续性过程。该理论所指的标杆就是榜样，这些榜样在业务流程、制造流程、设备、产品和服务方面所取得的成就，就是后进者瞄准和赶超的标杆。帕特里夏等学者认为标杆管理的首要目标是提高一个机构的绩效，基本思想是系统优化、不断完善和持续改进 ❶。标杆管理理论具有巨大的实效性和广泛的适用性。如今，标杆管理已经在市场营销、成本管理、人力资源管理、新产品开发、教育部门管理等各个方面得到广泛的应用。除了这些方面，标杆管理理论也逐渐被用于优化政府部门管理。当政府部门开始从一个高绩效的组织引进最佳实践后，将更有可能在一个既定的基础上、在彼此不同的组织间，分享已经获得成功具有高绩效的策略，在此基础上在政府部门的各个组织之中激起一种连锁反应。"试点"是标杆理论应用的前奏方式，通过试点找到标杆建立的方向，然后应用标杆的系列流程，如确定标杆主题、制定对比分析的测量指标、确定标杆、收集和分析数据、对比和界定差距、制订实施计划、设置预期目标以及考评的标准与方法、持续改进与更新等，逐步构建起"标杆"对象。因此，标杆管理理论在管理实践中具有巨大的实效性和广泛的适用性。

3.1.2 "标杆"理论的湖州实践

标杆管理理论如何体现在湖州市进行垃圾监管治理过程中的？我们先来看标杆管理理论的首先应用领域——单位强制性分类，它的应用发展历程如下：

湖州市政府于 2017 年 10 月至 2018 年 6 月，分四个阶段全面开展单位生活垃圾分类工作。2017 年 10 月至 2017 年 12 月中旬，为发动准备阶段。湖州市政府召开相关动员大会，积极宣传，并对相关的单位员工进行事前培训，同时完善生活垃圾分类的各类设施配备与建设。2017 年 12 月下旬至 2018 年 1 月底，为首批启动阶段。在该阶段第一批实施单位主要包括中心城区范围内的党政机关、国有企事业单位、编制内社团组织等公共机构和国有单位、

---

❶ 帕特里夏·基利.公共部门标杆管理：突破政府绩效的瓶颈 [M].北京：中国人民大学出版社，2002.

车站、码头、体育场馆、演出场馆等公共场所管理单位，以及宾馆、大中型餐饮店（加工经营场所使用面积在 150m² 及以上或就餐座位在 75 人及以上）、购物中心、超市、专业市场、农贸市场、农产品批发市场等。湖州市政府在这些单位开展督导工作。2018 年 2 月至 3 月，为评估完善阶段。市、区垃圾分类办对所属单位的单位生活垃圾分类工作进行全面检查评估，完善工作举措，形成常态化的工作机制。2018 年 4 月至 6 月，为全面推广阶段。在该阶段，湖州市政府对第二批单位实施生活垃圾强制性分类，其中第二批实施单位主要包括中心城区范围内商铺和商用写字楼的使用管理单位，小型餐饮店（加工经营场所使用面积在 50～150m² 或就餐座位在 20～75 人）等。自此，单位强制性分类转入常态运行。2018 年底，中心城区单位生活垃圾分类参与率已经达到了 100%，创建了市级生活垃圾分类示范单位 20 个。截至 2020 年底湖州市 4.18 万家单位实施垃圾强制分类，覆盖率达 100%。到 2021 年底，经过 3 年的标杆管理，不仅大大增加了标杆单位数量，更是在全行业树立了标杆。

标杆的构建以试点分类社区经验或各种试点做法为基础，再通过湖州市政府出台相关文件实施单位强制性分类，通过颁布相关的规章制度对事业单位等进行高绩效垃圾分类，形成最佳实践以推进后续的全面垃圾分类监管治理模式的展开。与此同时，湖州市政府对未分类投放生活垃圾的单位、分类落实不到位的单位进行了相应处罚。市政府还建立了城镇单位生活垃圾分类工作考评制度，对各县区、市级部门、市直属单位、承担市级垃圾收运等企事业单位按季度进行考评；对市综合执法部门采取"网格化"管理方式，严厉打击生活垃圾乱倾倒、各种生活垃圾混装混运、无资质的单位和个人擅自收集运输餐厨垃圾、工业垃圾混入生活垃圾等违法行为。

湖州市在实施单位强制性分类期间全面加大生活垃圾分类力度，通过精细化管理、强制性保障、基层式推进，确保了分类工作取得实效。以法制保障严推分类，湖州市政府新修订了《湖州市市容和环境卫生管理条例》，并加快制定了《湖州市生活垃圾分类管理条例》。以精准手段管好分类，专门出台了《湖州市机关单位生活垃圾精准分类工作考核暂行办法》，建立单位生活垃圾强制分类"红黑榜"。以基层治理带动分类，充分发挥基层党建力量。通过积极探索"党建+"分类等模式，发挥好党员干部、人大代表、政协委员的包楼（村）联户等作用，进一步调动分类的积极性、主动性。充分发挥基层社区力量，有效激发群众意识。

从湖州市标杆理论的实践调查中我们发现，标杆的产生不一定是全流程的应用，而是因地制宜地逐步构建起"标杆"对象，而且它们的管理过程也并非完全相同，各个部门依据本部门的特点进行相关的调整与修改。这充分激发了各行业部门强制性分类的动力和内部竞争，也促使各个部门进行不少相关的改革，包括物质和人力资源的配置和优化以及部门间的互动促进。其中党建教育和活动的开展力度最大。通过强制性分类的行动要求，党员的示范和带头作用被激发，党建活动也通过垃圾分类的科普和教育变得更加"接地气"，也贯通了生活和工作的气息。当大部分人通过单位强制性分类获得相对稳定的行为规范后，他们自然而然地带动了各自生活家庭的垃圾分类工作。在我们走访的多个标杆单位中，所有的被访对象都认为这种带动作用是十分明显而有效的。

可见，湖州市政府在垃圾分类治理方面运用标杆理论采用单位强制性垃圾分类方法，使各不相同的公共职能部门聚合在一起以进行有效的垃圾分类，并通过一系列激励措施提高效率与政府绩效，同时将外部竞争的压力引入政府部门内部，"诱致性"地使各个部门进行改革以达到标杆的要求，促进了政府部门内部的优化管理，提高了治理效率，也为城镇生活垃圾分类的制度化打下了良好的基础。这一条从"单位—家庭—社区"由内而外的改革路径，也有机地连接了社会公众，使得公众对政府进行垃圾分类治理的期待度不断提高。而公众对政府进行垃圾分类治理的期待度不高，是过去生活垃圾分类效果不佳的原因之一，标杆管理理论为政府解决这一难题提供了很好的思路与方法。

3.1.3　生命周期管理模式的形成

随着单位强制性垃圾分类政策的实施，垃圾分类从单位个人辐射到家庭再到社区，源头分类成效逐步显现。与此同时，湖州市逐渐实现了分类投放、中转运输、末端处置等全生命周期管理模式，使得源头分类的效果得到稳固。城镇生活垃圾生命周期管理很早就被倡导❶，它将垃圾治理整体环节界定为一个大范围，确定垃圾分类治理的边界。它也常常被用作政府垃圾监管治理的有效性分析或满足治理有效性条件的基础❷,❸。湖州市城镇生活垃圾分类治理模式从单位强制性分类到垃圾生命周期治理转变期间，市政府出台了《湖州市生活垃圾分类实施方案》等关键性的行动指导政策。通过这些行动性的政策文件规定了湖州市生活垃圾分类治理的具体程序，通过确定垃圾分类治理的流程划分了其生命周期边界。

从垃圾的减量化、无害化、再利用和资源化、社会化管理四个方面描述湖州市生活垃圾治理的生命周期。垃圾的减量化作为垃圾治理的源头，在生命周期管理过程中起到了关键作用。通过强调废旧物品的回收工作、推动垃圾处理的有偿服务等措施，即从初次分类投放端口减少了垃圾的源头生产，也减少进一步的垃圾处理的成本。垃圾的无害化贯穿整个垃圾治理管理周期。在垃圾的分类收集过程中，管理垃圾的流向，防止了垃圾中掺杂有毒有害的垃圾；在垃圾的运输过程中，使用科学的容器设备，防止生活垃圾的遗漏对环境产生影响，也避免了垃圾运输过程中的交叉污染，提高了后续回收利用的效率。湖州市垃圾治理生命周期与资源化相结合，涉及

❶ 徐成，杨建新，胡聃.城市生活垃圾生命周期管理 [J].城市环境与城市生态，1998，11（3）：52-55.

❷ 李楠.生活垃圾分类收集与处置案例分析与生命周期评价 [D].浙江大学，2020.

❸ 侯兴旺.基于生命周期视角的北京城市生活垃圾治理研究 [D].北京化工大学，2019.

垃圾的再生利用、焚烧发电和堆肥处理等。从社会管理角度出发，湖州市的垃圾治理生命周期主要由公众、企业和政府的共同参与来实现。个人和单位是垃圾分类投放的源头，也是垃圾治理的最大受益者；物业和相关企业参与二次分类投放，其他企业则在垃圾的运输和处理中实现自己的经济利益；政府在整个生命周期管理中起到组织领导、制定法律法规和协调管理的作用。

我们发现，将城镇生活垃圾整个生命周期作为监管治理的对象，可以不断地生发自我优化的系统动力。湖州市德清县的"一把扫帚扫到底"是一个很好的例证，它打破了原来环境卫生管理条块分割的局面，从生活垃圾的生命周期视角出发，实现了清理、收运、处理的有效衔接。为了发挥该模式下生活垃圾监管治理的最大优势，德清县重点展开了以下工作：

（1）强化源头分类减量。按照湖州市生活垃圾分类"4+3+N"发展路径，不断强化源头分类减量，使垃圾按照"回收——再利用——无害化接管"的路径处理。如城镇可回收物实现可控可管，农村可回收物基本上由农户自行变卖；易腐垃圾（厨余垃圾）利用微生物发酵处理方法，成为农业有机肥，实行就地循环利用；其他垃圾实行焚烧发电、无害化处理；有害垃圾，采取集中存放、无害化处理。

（2）强化垃圾生命周期中的工作保障。一是组织保障。县委、县政府成立县级层面的工作领导小组，全面领导和综合协调"一把扫帚扫到底"工作。二是政策保障。县级层面下发指导性文件，明确总体目标、责任分工、工作内容、工作步骤等，并把该项工作列入县委、县政府重要议事日程，县里主要领导定期听取工作汇报，研究布置工作任务。三是资金保障。建立"三个一点"筹资机制，即县政府补一点、镇（街道）（部门）出一点、企事业单位（农户）收一点，保证"一把扫帚扫到底"工作的顺利推进。

（3）强化垃圾生命周期中的作业规范。一是建立专业的队伍。每个镇（街道）搭建领导班子、管理团队、专业队伍，落实成立专业的环卫保洁、绿化养护、河道打捞、垃圾分类等队伍。专业队伍向社会公开招聘，同时对其进行岗前培训，便于掌握作业标准，尽快开展工作。二是制定专业的标准。结合德清县城乡实际，建立《德清县城乡保洁一体化作业规范》和《德清县城乡绿化养护一体化作业规范》两项县级地方标准，对城乡环卫保洁和绿化养护实行标准化管理。三是完善作业模式。实行垃圾直运，将原有的垃圾厢、垃圾房等全部清除，提升为新建的环卫收运点，改变过去垃圾二次污染问题。强化机械化保洁，采用机械为主、人工为辅的人机结合作业模式，提高工作效率。

（4）强化垃圾生命全周期的监督考核。县级层面建立"一把扫帚扫到底"工作考核机制，将其纳入县委、县政府对镇（街道）、部门的考核内容。各镇（街道）相应建立工作考核办法，建立镇（街道）干部包村、村干部包组、驻村联心干部挂钩机制，加强日常监督考核。县综合执法局以两项县级地方标准为抓手，细化考核内容，创新考核方式，落实每日巡查机制，强化考核实效。

至 2021 年底，"一把扫帚扫到底"模式在德清县已稳定运行，成为一种可复制的长效机制。可以说，德清县已经探索出了一条符合当地实际又独具特色的生活垃圾监管治理之路，这条路使得城乡环境面貌发生了巨大变化，道路整洁、河流干净、绿化郁葱、秩序井然，受到了广大居民的充分认可；整洁有序的城乡面貌，营造了良好的社会发展环境，特别是生产投资环境，吸引了大批外来者前来投资、创业，实现了经济、社会、环境的协调可持续发展，在实践中将"绿水青山就是金山银山"的理念化为生动的现实。

3.2 "监管治理空间"营造机制

上文从标杆管理理论、生活垃圾分类生命周期的管理等方面分析了湖州市单位强制性分类到垃圾生命周期变革的历程。可见，湖州市的生活垃圾监管治理是以单位强制性分类为切口，在一定的制度安排下，通过符合自身演进的政策实践和组织结构调整、价值观塑造以及历史传统影响等，"由内而外"地推动整个社会生活垃圾监管治理的过程。那么，这样的过程何以实现？我们认为，这得益于公共管理者将以"单位强制性分类"这个监管治理对象所组成的行为空间，设为特定的"监管治理空间"，并通过营造相关的空间治理机制所造就。下面对此展开具体的分析和论证。

3.2.1　"监管治理空间"的含义

20 世纪 80 年代开始，新制度主义逐渐兴起，结合制度主义监管理论对监管和治理进行讨论。该理论认为，政府监管是特定制度下的特定产物，是多种因素共同作用的结果，并且政府监管的起因及过程、正式的制度安排、组织结构以及非正式的文化观念、历史传统等成为不可忽视的因素，其中制度主义监管理论中的制度是最核心的因素。以此为基础，学者汉彻和莫拉提出了"监管空间"的概念，他们认为应从制度化角度出发，对各种主体在监管空间的相对位置进行研究，并着重研究这些关联产生的网络，监管空间中的因素都会影响监管；与此同时，汉彻和莫拉认为监管空间可以作为一种分析框架，通过监管空间中的各个要素对监管的各个方面进行分析❶。

虽然治理与监管有很大的不同，但又有着不可忽略的联系。治理中的政府监管影响监管空间营造的五个因素：制度与法律设置、组织结构网络、运行属性与特征、历史传统、其他因素❷。随着治理在不同国家的不断发展，政治监管模式也在逐渐发生改变，由原来的单一主体主导的监管方式向着更多元化监管方式转变，从而实现更具现代化的国家监管治理模式。因此，将"监管治理"

---

❶ Hancher L，Moran M. Introduction：Regulation and deregulation[J]. European Journal of political research，1989，17（2）：129-136.

❷ 刘鹏 . 西方监管理论：文献综述和理论清理 [J]. 中国行政管理，2009，9：11-15.

结合起来，强调了在政府监管的同时，多元主体参与治理的重要性。政府在治理模式中的作用不可或缺，去国家中心化的治理模式已被证实是难以获得成功的❶,❷。同时政府作为权威治理主体的多元治理功能逐渐强化，政府监管在治理中发挥主导作用，从而避免多元主体治理的低效率和无序，政府是实现环境有效治理的关键❸。目前的中国，政府在环境治理中发挥主导作用❹,❺，但仅依靠治理而缺少合理的监管是行不通的❻。因此，监管治理空间是治理的有效运用，也是传统上监管空间的扩展。治理并不意味着单一的"放松监管"，监管也并不意味着单一的"加强治理"。将监管和治理结合起来，作为"监管治理空间"的营造，是对监管和治理体系的重构，注重于考虑怎样以更小成本、更加灵活的手段来实现监管和治理的双重目标。

3.2.2 "监管治理空间"形成的因素分析

湖州市在实践中推行的生活垃圾单位强制性分类是监管治理空间营造机制的典型代表。结合上述提到的监管空间形成影响的因素：制度与法律设置、运行属性与特征、组织结构网络、历史传统等，我们将单位强制性分类作为典型分析对象，对具体的"监管治理空间"形成的四个最关键因素进行分析，以获得相关应用的启示。

第一是制度与法律设置。即在实施单位强制性分类的监管治理时相关的法律制度等监管制度和法律设置。湖州市政府于 2018 年

❶ Peters B G. Managing horizontal government[J]. Public administration, 1998，76（2）: 295-311.

❷ Benson D, Jordan A. What have we learned from policy transfer research? Dolowitz and Marsh revisited[J]. Political studies review，2011，9（3）: 366-378.

❸ 朱国华. 我国环境治理中的政府环境责任研究 [D]. 南昌大学，2016.

❹ 范永茂，殷玉敏. 跨界环境问题的合作治理模式选择——理论讨论和三个案例 [J]. 公共管理学报，2016，13（2）: 63-75, 155-156.

❺ 田培杰. 协同治理概念考辨 [J]. 上海大学学报（社会科学版），2014，31（1）: 124-140.

❻ 杨炳霖. 监管治理体系建设理论范式与实施路径研究——回应性监管理论的启示 [J]. 中国行政管理，2014（6）: 47-54.

3 月首次发布政府政策文件《湖州市人民政府办公室关于印发湖州中心城市单位生活垃圾强制分类实施方案的通知》，宣布进行单位强制性分类，此后农业局、统计局等政府部门都相继发布部门文件实施单位强制性分类措施。这些政策文件规定了垃圾分类细则、制度保障、职责分工以及工作措施，强调了"普宣、勤查、严管、重罚"的要求。同时湖州市政府实行有害垃圾源头管控制度、餐厨垃圾分类收运确认制度、可回收物强制回收制度、生活垃圾分类不合格查处制度和生活垃圾强制分类统计与公布制度。这些制度与法律设置都保障了单位生活垃圾强制性分类工作的实施。

　　第二是单位垃圾分类运行属性与特征。即单位强制性分类在市场运行中的监管治理方式，及以制度为依据的各类监管行为、流程。湖州市政府对生活垃圾的种类以及各类垃圾的投放、收运、处置、建档都做出具体规定，所有单位都按照该规定进行分类。监管机构会按照《湖州中心城市单位生活垃圾强制分类工作考核评价办法》对单位强制性分类进行考核，考核主要按组织领导、规章制度、宣传培训、设施配置、分类实效等明确任务模块进行，具体的分配权重见第 2 章中的图 2-22。

　　在市分类办负责方案和细则、指导协调各级工作、做好统计、宣传、巡查、考核工作的基础上，其他各相关部门各司其职，使得垃圾分类运行能在单位强制性分类的约束体系下良性运转起来。如：市委宣传部负责宣传并将其纳入文明创建考核体系进行监管；市财政局负责垃圾分类预算监督管理；市建设局负责市级收运单位、处置单位的监督管理；市商务局负责再生资源与回收部门的监管；市场监督管理局负责市场监管的相关工作；市综合执法局负责做好单位生活垃圾强制分类执法保障工作；市环保局负责建立有害垃圾无害化处置体系，指导、协调有害垃圾的处置工作；市教育局负责将垃圾分类知识纳入在湖州市的高校、中小学、幼儿园教学内容，并进行宣传教育引导工作；市机关事务局负责市行政中心管辖区域内各市级主管部门、人大、政协、社团组织等单位生活垃圾强制分类的监管与季度考核；市国资委负责国资监管范围内所有企事业单位生活垃圾强制分类的监管与季度考核；市金融办负责金融行业所有企事业单位生活垃圾强制分类的监管与季度考核；各区政府（管委会）负责组织实施本行政区域内单位生活垃圾强制分类工作，承担单位生活垃圾强制分类的属地主体责任，对所属部门、单位的生活垃圾分类、收运、处置工作进行建制、指导、检查、考核，落实基础设施建设，完善强制分类体系。

第三是组织结构网络。即单位强制性分类监管治理网络关系中的监管主体、客体、结点以及结点间的关系。湖州市于2017年成立了市生活垃圾分类工作领导小组办公室，简称分类办。湖州市城镇生活垃圾分类监管治理部门的组织工作网络及职能关系见第2章中的图2-21。湖州市人民政府办公室于2018年出台了《湖州中心城市单位生活垃圾强制分类实施方案》，对单位生活垃圾强制分类工作提出了更加具体的标准和要求。强调三个层面的发动：一是八个监管机关（市分类办、四个区分类办、市机关事务管理局、市国资委、市金融办）对市级主管部门的发动；二是各级主管部门对所属单位的发动；三是所属单位对全体员工的发动。湖州市生活垃圾分类工作领导小组办公室于2020年6月出台《湖州市中心城市单位生活垃圾强制分类集中攻坚行动方案》。方案明确了市教育局、市机关事务局、市卫生健康委等十大行业的监管部门以及各区政府（管委会）在实施单位生活垃圾强制分类过程中的职责分工，实现对教育、金融、卫生健康等行业垃圾分类的指导、监督及考核。各行业管理部门要根据市分类办的组成方案，设立市分类办外设组，配置与监管工作相适应的专兼职工作人员。各区政府（管委会）在负责所辖区域内的区级党政机关及行政事业单位生活垃圾强制分类之外，还要配合做好十大行业的单位生活垃圾强制分类工作。分类工作主要包括设施配置到位、专人专职管理、台账制度完善、宣传氛围浓厚、日常管理到位等目标，并要求这些工作在2020年底得到落实。市分类办委托第三方评估机构对各系统（行业）单位生活垃圾强制分类工作进行评估验收，完善工作举措，形成常态化工作机制。

第四是历史传统。即影响单位强制性分类工作产生与发展的相关历史与传统。早在 2008 年湖州市就对生活垃圾监管治理出台文件，对生活垃圾处理设施建设做出规划。从 2008 年起到实施单位强制性分类期间，湖州市对垃圾中转站、填埋场、焚烧厂、小区配套设施建设工程都作出统一安排，同时出台《湖州市市容和环境卫生管理条例》和《湖州市生活垃圾分类实施方案》对生活垃圾分类治理作出了详细规定，为后续的单位强制性分类打下了良好的基础。根据《生活垃圾分类制度实施方案》《浙江省城镇生活垃圾分类管理办法》精神，结合湖州中心城区单位生活垃圾分类工作的现实情况，湖州市制定了单位强制性分类的方案。

3.2.3 "监管治理空间"营造机制的启示

上述就湖州市单位强制性分类的监管治理空间营造影响因素进行了分析。通过具体剖析"制度与法律设置、组织结构网络、运行属性与特征、历史传统"等因素的影响，我们可以理解到，有效"监管治理空间"形成的"过程"，同时过程背后又有结构性的影响因素。这回应了我们在第 2 章中所阐述的"过程—结构"视角的分析。单位强制性分类监管治理空间的营造，有其情境性和独特性。从公共管理实践者的角度来看，他们或许不会想到从自己开始的改变能带来多方面的"辐射效应"。如政府社会形象和声誉的提高、公众和企业参与的文化氛围增强以及相关行业发展等效应。因此，本节的研究可以为我们带来更多的应用启示，即如何营造合适的"监管治理空间"？根据第 1 章生活垃圾分类生命周期的产权属性分析，我们可以发现，在不同的垃圾生命周期中都有减量化、再利用化、资源化和无害化的需求。但由于产权属性的不同，相关的行为人也不同，可见"监管治理空间"并不一定是物理化的空间，它更多的来自不同制度设置、行为运行方式、不同人之间互动的网络、传统文化等所营造的"行动空间"。最终"行动空间"将成为具有强大解释力的"公共事务空间"。在其他主题调研中,我们发现湖州市通过"单位强制性分类"所获得的对"监管治理空间"机制的理解至少已经在源头分类端进行扩展应用了。如德清县现有航道 21 条,通航总里程 222.24 公里,每日船舶过往约 2000 艘。自 2021 年 4 月起开始将水上垃圾纳入"监管治理空间",由德清县港航部门牵头实施,至 10 月,船舶生活垃圾已经上岸 1.5 万艘次,分类回收处理 29 吨,助力了德清县的绿色航道建设。如后面第 3 节所分析的社区协商机制,有一部分即是基于将社区看成一个"监管治理空间"进行营造。因此,公共管理者在营造特定的监管治理空间时,更多的关注在于确定监管治理空间的边界和目标,以及相关因素影响下的"过程",让"过程—结构"不断互动起来,并朝着良性方向发展。

3.3 基于社区倡导的协商机制

上述的第 1 节和第 2 节体现了湖州市城镇生活垃圾分类监管治理由内而外的变革过程及其背后的"监管治理空间"营造机制。让我们看到了其实践中所体现的特色:公共管理者自身的改变和成长比改变公众和社会更重要。生活垃圾分类的监管治理本质上是一项公共事业,但公共管理者自身的专业知识和相关能力的提升以及价值观升华,是进行集体行动治理和大规模社会创新的基础。当然,湖州市生活垃圾分类监管治理良好行动基础的形成并不仅基于以上分析。正如第 2 章我们所探讨的,生活垃圾分类本质上是一种社会治理,良好的监管治理应当关注的是"过程—结构"视角,重视"实践—思考—再实践"的循环递进式过程。在这过程中,当遇到难点时,能应用合适的方法对其进行解决,并能在实际工作中总结出具有创新性的工作机制。而在管理现实中,我们发现一些地方的分类效果不好，分类工作很难顺利进行，常常就是因为遇到难点时无法找到合适的工作方法或没有整体性的工作能力来应对，无法完成"过程—结构"循环递进式的演化路径。本节和第4节，我们就"基于社区倡导的协商机制"和"垃圾处理流程中的监管回应机制"两个监管治理的特色机制，来论述湖州市由此探索出的基层经验。

3.3.1 垃圾分类设施的"邻避效应"

当前社会关于垃圾分类主要问题之一是日益频发的由于邻避效应造成的冲突事件。"邻避"的概念在1977年由奥黑尔《不要放在我的后院》一书中首次提出，用以描述那些由全体社会共享产生的正外部效应、由周边居民承担产生的负外部效应的公共设施。根据邻避的概念，垃圾分类中垃圾投放设施、中转站、焚烧厂、填埋场等设施由于在建设和使用过程中可能会给周围居民的居住环境、生活质量、财产价值和身体健康等带来负效应，因此这些设施的建设会遭到周边居民的强烈反对和行为上的激烈反抗，这种强烈的、高度情绪化的集体反对甚至抗争行为可以称为生活垃圾分类中的邻避效应。

在湖州垃圾监管治理如火如荼推进的同时，垃圾分类中的邻避效应同样是不可忽视且十分重要的问题，其中不乏一些长期性、通病式的冲突点和一些独有的问题。基于湖州市垃圾分类的实施现状与对该行业工作者的一线经验访谈，我们梳理归纳出垃圾驿站的建设、垃圾分类的推进、垃圾驿站的"拆迁"及垃圾分类奖励的反向作用四大冲突点。

第一是垃圾驿站的建设。即由市分类办牵头，市住建局、城市管理局、综合行政执法局等多部门联合参与统筹建设的各社区垃圾分类驿站的实地建设工作。城市居民对于"垃圾""垃圾分类"等敏感事物有着天生的抗拒，建设方与居民方难以在较短时间达成较为满意的和解，且驿站建设无法在各个环节上充分顾及、参考相应社区居民的意见，故使得问题的产生以及冲突难以化解。

在湖州市垃圾分类驿站的建设过程中，曾出现各式各样的来自社区居民的反对与阻碍，如社区中老年群体对驿站建设工程的投诉、干扰，对建设工程进行不同程度的破坏、转移建设物料以影响正常施工进程。

第二是垃圾分类的推进。政府公用事业的推进往往要结合所在区域的经济、文化、人文等各种特点加以综合考量。而在实际实施过程中往往由于统筹、管理等原因而"全局一盘棋"，该方式在追求效率和进度的同时难以避免地忽视和牺牲了各基层社区的独特性。其中，就有湖州市人大代表反映垃圾分类工作的实施推进应该循序渐进，不应忽视相应社区、小区的实际情况而一概而论。在湖州市垃圾分类工作的实际开展过程中，由于经济发展等各种问题，各社区、小区的经济状况、基础设施现状、居民认知水平及平均年龄等因素各不相同，因此垃圾分类工作的快速推进势必遇到无法同步、难以统筹的境遇和情况。在此情况下，应更注重各社区、小区的实际情况，因地制宜地开展垃圾分类工作。

第三是垃圾驿站的"拆迁"。即垃圾驿站由于种种原因不得不面临拆迁并重新选址建设的情况。由于垃圾分类工作实施的紧迫性与全局性问题，极大的工作量下无法较好保证选址的合理性，甚至有些在建设工程开工前的合理选址在落成后变成不合理选址。根据湖州市垃圾分类工作的实际经验，垃圾驿站的"错误"选址问题导致不得不对相应设施进行拆迁重造工作。垃圾驿站的重新选址、再次建造不仅加大了相应部门和基层社区街道工作人员的工作量，还使得财政方面蒙受了巨大的损失。垃圾驿站的建设选址工作需要综合考虑许多因素，如尽量不影响社区居民的日常生活、不阻碍社区交通（消防）要道、不损害社区居民的合法权益等。

第四是垃圾分类奖励的反向作用。即在对垃圾分类突出单位、个人进行适当实物或现金奖励时，由于实施过程中细节原因而使得反作用出现。垃圾分类工作的开展需要各部门、各主体特别是普通社区老百姓的配合与支持，进行一定程度、适当范围的实物或现金奖励合情合理、无可厚非。然而这种群众喜闻乐见同时对垃圾分类工作起到一定积极作用的奖励制度也有其不好的一面。在湖州市垃圾分类工作的实施过程中，曾对社区居民的自主垃圾分类行为进行现金奖励，根据居民将垃圾投入驿站时的分类情况给予 0.1 ~ 0.3 元 / 次的现金奖励。然而在月度、年度的奖励领取过程中，却出现了不领、多领甚至冒领的状况，而此类状况的出现一定程度上损害了积极参与该项活动群众的热情与积极性，并使得更多群众对该项奖励机制出现质疑和不参与的情况，影响了分类工作的正常实施。

3.3.2 应对"邻避效应"的协商机制

在人类史早期，公民的公开辩论和对法律的商讨过程构成了协商的主要内容，协商与民主成为一组共生的实践范畴，因此从古至今协商就是公共事务的治理方式❶。20 世纪 80 年代中期，西方的"机制理论"提出政府需要与其他非政府主体融合治理，强调多元主体参与❷。这种多元主体参与的治理模式为协商机制提供理论基础，"协商民主"理论与"机制理论"在"多元主体的互动与合作"方面构成了理论的联结❸。国内关于协商机制的研究主要分为"国家中心论"与"社会中心论"两种。"国家中心论"认为街道、社区等基层组织是政府的一条腿❹。学者林尚立认为，国家必须建立以社区为基本单位的新的社会调控、整合和沟通体系，并应努力把社区转化为国家政治建设与政治发展的积极资源❺。"社会中心论"认为基层治理中社会属性是最为突出的，在治理理论引入以后，

❶ 王浦劬. 中国的协商治理与人权实现 [J]. 北京大学学报（哲学社会科学版），2012，49（6）: 12.
❷ Stone C N. Urban Regimes and the Capacity to Govern : A Political Economy Approach [J]. Journal of urban affair，2008，15（1）: 6.
❸ 张翔. 城市基层治理对行政协商机制的"排斥效应"[J]. 公共管理学报，2017，14（1）: 49-60，156.
❹ 沈新坤. 城市社区建设中的全能主义倾向 [J]. 社会，2004（6）: 40-42.
❺ 林尚立. 社区: 中国政治建设的战略性空间 [J]. 毛泽东邓小平理论研究，2002（2）: 58-64.

国家与社会的合作成为基层治理研究的主流。在此基础上,"协商治理"开始成为治理研究的一个焦点❶。

很多的社会公共事务具有多面性、多重关联性的综合形态。现代治理应该是一个凝聚共识、塑造合力的过程,而协商机制的建设是一个现实性的抉择❷。学者朱海伦在研究环境治理中的协商机制时得出结论,建立环境治理中"政府—公众—企业"有效对话协商机制,需要通过平等对话协商,满足各方主体核心关切利益,以有序和平稳的方式处理矛盾,实现社会的稳定发展❸。多元化治理格局中各个主体都有着相互作用关系,社区是社会系统的基本单元,是贯彻落实国家政策方针的战略空间,社区协商是推进社区治理的重要手段❹。垃圾分类作为环境治理中的重要方面,同样也是如此。而且社区是典型的生活垃圾多元主体参与的监管治理空间,其有一定的边界和相应的特色,如有街道、社区工作人员、物业管理人员、志愿团队、党员干部以及以家庭为单位的居民等基层管理者和行动者。当在生活垃圾分类过程中出现了棘手的邻避效应时,以社区为主要的监管治理空间,并通过协商来解决相关的邻避效应问题,理论上是十分合适的。

事实上,从邻避效应本身相关的研究来看,可以认为解决垃圾分类治理过程中所造成的邻避效应需要通过协商机制的应用来化解。学者何艳玲等在研究中国各个城市持续出现的各类邻避冲突中发现政府应充分考虑业主的主体性,开放公民参与,在认知层面建设配套的"系统—信任"机制❺。一些国家的经验证明,由

❶ 张敏.协商治理及其当前实践:内容、形式与未来展望[J].南京社会科学,2012(12):72-78.

❷ 亓光,李广文.多元化治理过程中的公共事务协商机制[J].探索,2014(6):69-74.

❸ 朱海伦.环境治理中有效对话协商机制建设——基于嘉兴公众参与环境共治的经验[J].环境保护,2014,42(11):57-59.

❹ 曹飞廉,万怡,曾凡木.社区自组织嵌入社区治理的协商机制研究——以两个社区营造实验为例[J].西北大学学报(哲学社会科学版),2019,49(2):121-131.

❺ 何艳玲,陈晓运.从"不怕"到"我怕":"一般人群"在邻避冲突中如何形成抗争动机[J].学术研究,2012(5):55-63,159.

下而上地参与决策过程和加强对话将有助于邻避冲突的化解[1]。邻避冲突管理在很大程度上就是要使参与的双方达成共识。协商对话为公民参与、化解冲突提供了一种可能，如果没有一套在邻避设施政策规划时促进公民参与协商沟通与政策分享的渠道，冲突的化解将是非常困难的[2]。学者管在高认为地方政府应把协商治理作为邻避冲突治理的指导理念，把协商治理的思想贯穿到邻避项目的规划、论证、环评、决策和监督的各个环节[3]。

3.3.3　基于社区倡导的协商机制

湖州市城镇生活垃圾分类监管治理中的公共管理者对于协商机制解决邻避效应的问题是十分认同的。但是他们发现，如果只将协商焦点放在邻避效应带来的局部问题时，依然会导致工作量大的问题，即相关的精力、人力、财力、物力都会消耗在局部问题上。协商过程本身需要载体，这个载体就是：和生活垃圾分类整体目标结合的社区倡导。

那么，为什么协商要以"倡导"作为载体？学理上，"倡导"一词更多地属于社会工作的专有名词，反映了社会工作者扮演的角色及承担的义务。索因和卡鲁姆将"倡导"定义为"由社会工作者或群体机构加以努力，代表边缘的、影响力较小的第三方，影响决策者做决定，为案主谋福利的过程"[4]。学者罗伯特·施奈德和洛丽·莱斯特在其著作《社会工作倡导：一个新的行动框架》一书中提出了一套社会工作倡导理论，其理论框架如图3-1所示[5]。

❶　Rabe B G . Beyond nimby: hazardous waste siting in Canada and the United States[J]. Journal of health politics policy & law，1994，1（4）：91-96.

❷　马奔，王昕程，卢慧梅．当代中国邻避冲突治理的策略选择——基于对几起典型邻避冲突案例的分析[J]. 山东大学学报（哲学社会科学版），2014（3）：60-67.

❸　管在高．邻避型群体性事件产生的原因及预防对策[J]. 管理学刊，2010（6）：21-23.

❹　Sosin M，Caulum S. Advocacy: A conceptualization for social work practice[J]. Social work，1983，28（1）：12-17.

❺　罗伯特·施耐德，洛丽·莱斯特．社会工作倡导：一个新的行动框架[M]. 韩晓燕，柴定红，等，译．上海：上海人民出版社，2011.

他认为倡导者必须采取一些可确定的行动与他人交流案主的需求，社会工作倡导的最基本的两项技能为"代表"和"影响"。其中，"代表"具有三个维度：专有性，指社会工作者要从案主的角度出发，只关心案主的利益并满足其需求；互惠性，指案主和倡导者的关系并不是单向的，而是互惠互利的；论坛的运用，指倡导实现依赖于各类类似于会议、集会、座谈会的论坛和平台。而"影响"主要有"找出问题与设置目标""获得事实""规划战略与策略"等8项实践原则。该理论还指出倡导工作最重要的行动是沟通，而沟通主要通过说和写两种方式实现。

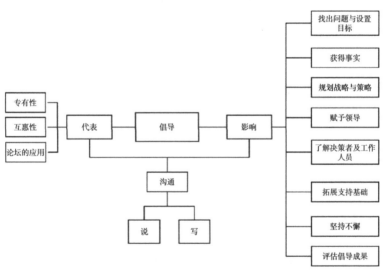

图 3-1　倡导理论框架图

从湖州市的情况来看，为了解决"邻避效应"在垃圾治理中带来的负面影响，直接的需求是通过协商来进行调节，但协商需要在社区进行价值观和分类行动的倡导，才能以较顺利的方式进行。下文将继续以"过程—结构"性视角，以湖州市长兴县水木花都小区为案例分析对象，以许奈德的社会工作倡导理论为基础，分析湖州市"基于社区倡导的协商机制"在生活垃圾监管治理中的实现过程。

2019年5月，雉城街道推行了湖州市第一个四定分类工作，这是由街道工作人员探索出来的"定时、定点、定人、定桶"工作办法。推进四定法的过程中，关于垃圾站点的选址、垃圾分类的推进和垃圾分类的奖励会产生典型的邻避效应。在实践中，水木花都小区通过社区党员入户宣教、社区干部出面协调等倡导性工作来推动垃圾治理的展开。社区工作的倡导者主要有志愿者、社区干部、党员代表等，下文分析倡导理论下的协商介入过程。

一是代表社区居民发声。垃圾分类的工作推进是以解决生活垃圾堆放、改善居民生活环境、提高居民生活质量为出发点的，社区工作的倡导者代表居民解决生活垃圾分类问题是符合居民内心愿望的。首先，社区工作倡导者具有专有性和互惠性的价值观，在推进"四定法"的宣传教育过程中，是出于问题导向而非个人导向，考虑的是居民的一般需求而非特殊需求，代表了居民的公众利益而非私人利益。倡导者和居民的双重身份决定了他们在为社区工作的同时也是社区工作的受益方。其次，社区倡导的工作推进充分利用了各类论坛的宣传作用。在建设垃圾站点等推进式工作和劝导居民合规投放等日常工作中，社区的主要倡导工作是通过入户宣教和统编指导来推进，还会进行一些教育讲座和专题研讨会，在"四定法"推出前期邀请城管进小区进行教育宣传，实现对居民的积极引导。

二是影响社区的倡导行动。在社区协商过程中，倡导者主要起"沟通桥梁"的作用，社区工作技术和倡导技巧的相互结合是解决和完善社区倡导介入过程的关键点。参考前文罗伯特·施奈德的观点，倡导者的影响行动过程涉及8个步骤。具体到湖州市水木花都小区的倡导案例可以对各个子环节予以讨论，这也是评价基于协商的社区倡导机制的主要依据：

第一，找出问题和设定目标。对倡导者而言，最关键的不是采用什么战略或策略，而是某个议题是否会得到人们的积极反应 ❶，故界定问题和设定目标是发挥影响的前提。在实行"四定法"的过程中，最终目标是实现垃圾减量化、再利用化、无害化和资源化，提高居民的生活品质。短期目标是提高垃圾分类知识的知晓率，规范居民的分类行为，推进管理的配套设施建设。而目前存在的问题主要是包括垃圾站选址、垃圾分类的推进等造成的邻避效应。

第二，获得事实（获取资料和数据）。社区工作者在发动倡导过程中需要掌握相关领域的知识和数据。在水木花都小区的垃圾治理社区倡导实践中，社区会对垃圾点点长、宣教员、网格员、党员、居民志愿者进行培训教育，回顾垃圾分类的相关知识和政策资料。同时还对小区居民参与垃圾分类的数据，包括小区户数、垃圾点位辐射度、垃圾溯源数据等实现了动态把握。

第三，规划战略与策略。战略的规划和第一步的目标设定相对应，策略是战略的构成和过程。从目标出发，水木花都社区倡导的战略是期望实现小区居民垃圾分类的基本覆盖，在垃圾分类方面形成完善的管理体系和治理思想。从社区内部的策略来看，主要以居民自身的垃圾分类行动为主导，倡导者采取引导、示范、激励等方式转变居民的思维，进一步规范居民的分类行为。从社区的外部策略来看，包括第三方力量和行政管理的参与，在水木花都小区推进"四定法"的过程中，建设局、分类办和街道管理处也发挥了一定作用。以垃圾分类的奖励机制为例，为了提高居民的垃圾分类参与率，养成垃圾分类的良好习惯，建设局为小区提供了溯源垃圾袋，还对参与垃圾分类的居民进行积分奖励。同时，居民作为被服务者也是监督者，如果对垃圾站点的建设和管理有不满意之处，居民可以向社区和有关单位反映，社区和倡导者在其中起到沟通的作用。

第四，赋予领导。在水木花都小区的垃圾分类管理实践中，参

❶ Eriksen J，Naess S. Well-Being and Epilepsy before and after Diagnosis[J]. Quality of life research，1997：642.

与倡导工作的社区工作人员、居民志愿者、宣讲员等都经过了培训教育，了解了倡导者价值使命和服务意识。值得一提的是，在垃圾分类治理中，社区尤其强调党员代表的带头作用，在党员大会上强调了垃圾分类知识宣教的重要性，进行了集体的统编指导。

第五，了解决策者及工作人员。倡导者作为连接居民和决策者的"沟通桥梁"，除了向居民传播理念，也要和决策者建立积极的工作关系，既欣赏他们的工作，也要在居民遇到不满时及时向决策者反映，做到双向交流、协同共进。

第六，扩展支撑基础。仅有倡导者参与到垃圾分类的社区倡导是难以达到目标的，需要利用多种方法将人们联合起来，使其成为积极的参与者而不是被动的合作者。哈德卡斯特尔等人研究了若干种将人们联合起来的方法，包括支持团体、健康集合、回收聚会、社区教育等[1]。在水木花都的社区倡导工作中，为了拓展支撑基础，主要形成了"志愿组织"和"自治组织"两大团体。

第七，坚持不懈。只有坚持才能使已有的行动见效，这对湖州市的社区倡导机制提出了要求，要重视对居民的习惯养成，持续地推进倡导工作，保持垃圾分类的稳定性和连续性。

第八，评估倡导成果。对倡导工作的成果评估是一项重要的工作，评估可以为上一阶段的工作做出总结，对关键性的工作项目做出适用性评价，为下一步倡导工作的深入和调整做出指导。在水木花都的垃圾分类实践中，主要参考了各个垃圾站点的分类准确率和居民的分类参与率，再综合考虑各维度的工作展开情况，以此形成对上一阶段倡导工作的成果评价。

以上8个步骤的倡导并没有直接针对邻避效应中的矛盾点，但最终通过倡导为载体，大部分的邻避效应都得到了顺利解决。因此，可以说对于解决邻避效应问题，基于社区倡导的协商机制是多元主

---

[1]　Hardcastle D A, Powers P R, Wenocur S. Community practice: Theories and skills for social workers[M]. London: Oxford University Press, 2004.

体参与生活垃圾分类以实现监管治理的关键路径。也由此可见，协商并不是表面上的工作路径，而是在倡导性情境下实现的目标。进一步通过上文的分析总结得到生活垃圾分类的社区倡导主要分为两种，一种是价值观的倡导，另一种是基于分类行为的倡导。价值观倡导能让居民更多地站在公共利益的角度来看待垃圾分类设施问题，激发他们的利他行为，从而释然垃圾分类设施所带来的紧张和冲突。价值观倡导还带来了其他的好处，如它的这种宽容性的"正能量"示范，同时能缓解社区其他辅助设施的邻避效应问题，如公共厕所、公共停车等，社区的环保和公共卫生氛围也因此得到正向的改善。分类行为的倡导，是一种行动教育，通过倡导可以让居民明白精确和规范的分类并不会产生令人担忧的卫生和美观问题，同时他们作为"最方便"的监督者，可以通过监督桶长、卫生员收集等，为设施的规范使用和卫生安全贡献力所能及的力量。

3.4 垃圾处理流程中的监管回应机制

湖州市的生活垃圾治理已初步形成了多方主体参与的合作型监管治理模式，该模式特点的形成部分得益于"回应性机制"的应用。对于垃圾分类来说，垃圾的有效处理与居民的健康安全、周边环境的生态友好息息相关。想要实现居民健康、环保等不能只依靠政府，需要调动除政府以外的其他主体力量。政府应该建立对话平台，运用多种手段来赋予积极履责的参与者一定的监管权。在合作型监管治理体系中，政府的主要角色不再是直接监管者，而是构建者。政府应该通过制度设计来激发和培养其他社会个体的公民精神、主体意识和自我监管的能力，从而形成和谐有序的社会。社会个体自治能力越强，监管治理体系的活力就越强，政府需要做的就越少。那么，湖州市政府是如何通过回应性机制做到这点的呢？下面我们结合回应性监管论和"过程—结构"视角来展开相关的分析。

3.4.1 回应性监管理论

1992 年，伊恩·艾尔斯和约翰·布雷思韦特首次提出回应性监管理论❶。他们将回应性监管设想为一种方法：监管者应该根据当前的监管环境产生不同的监管方案，采取回应性监管的主管部门致力于调查并考虑被监管方的问题、动机和情况，强调动态运作。同时，艾尔斯和布雷思韦特将回应性监管总结为"金字塔理论"，其中包括"强制手段金字塔"和"监管策略金字塔"。该理论强调"同等回应"和"渐进惩罚"。前者是指监管者在制定监管对策时，应该以被监管者的具体情况差异为参考，鼓励积极履行义务的被管理者进行自我监管，对自觉性较弱的被管理者采取"渐进型惩罚"，先采用严厉的强化型自我监管，无效果后再采用命令控制型监管。回应性监管理论指出，监管者可以以行业情况和监管目标为出发点，向不同的参与方让渡监管权。为此艾尔斯和布雷思韦特设计了三类监管权分配的方案：一是"三方主义"，将监管权分配给公共利益集团；二是强化型自我监管，赋予被监管者一定的监管权；三是"部分性行业干预"，区别对待行业中的众多参与者。

学者杨炳霖对回应性监管理论做了细致的梳理总结，同时提出回应性监管理论重视政府之外其他主体的监管作用以及政府和其他非政府监管的关系构建；以构建政府与非政府合作型监管模式为宗旨，可以很好地作为理论基础完成监管治理体系建设❷。同时学者杨炳霖认为回应性监管理论的目标是建立政府与非政府的合作型监管模式，政府需要将监管权力合理分配，建立以结点治理网络为基础的对话平台，保证各种监管主体的地位，提高他们的

---

❶ Ayres I，Braithwaite J．Responsive Regulation：Transcending the Deregulation Debate[J]. Oup catalogue，1993，87（3）：205-783.

❷ 杨炳霖．回应性管制：以安全生产为例的管制法和社会学研究 [M]. 北京：知识产权出版社，2012.

监管能力，从而形成共同监管的局面❶。学者施从美在对社区基金会的监管研究中，将监管治理体系划分为政府、行业及组织、第三方主体三个维度，强调监管权在不同主体间的分配，尝试引入回应监管理论中结点治理等相关理念，提出构建合作型、政府主导型、综合监管型等模型，以促进多元监管主体的良性互动❷。

3.4.2　湖州市垃圾处理流程分析

目前湖州市的生活垃圾监管治理已呈现出了多元共治的现象。下文从生活垃圾生命周期的角度对垃圾的分类投放、分类收运和资源化处理等流程环节进行分析，以探讨不同的参与者如何结合回应性机制在生活垃圾分类的监管治理体系中形成良性互动。

1. 垃圾分类投放环节

湖州市的生活垃圾分类投放主要基于其生活垃圾分类体系"4+3+N"中前面的"4"，即将可回收物、易腐垃圾、有害垃圾和其他垃圾作为"四分"。在"四分"基础上再进行"四定"，即定时、定人、定点和定桶，综合起来称之为"四定四分"。在分类投放的监管治理中，主要有政府、居民和社区工作者参与其中。

居民在生产和投放垃圾过程中，要按《湖州市生活垃圾分类实施方案》规定的方法进行分类投放。对于那些分类意识不强、责任意识较弱的居民，政府不直接参与监管，将监管权分配给各个社区的相关工作者。通过强制使用溯源垃圾袋、垃圾点后台监控和拍照等手段，对分类行为不规范的居民进行监督。一旦发现违规行为，就会采用短信提醒、入户沟通的方式进行劝导。若出现屡教不改的情况就会进行公布曝光，并加以行政处罚。此外，社区工作者为了增加居民的分类知晓率，强化个人参与垃圾治理的责任意识，还会

❶ 杨炳霖. 监管治理体系建设理论范式与实施路径研究——回应性监管理论的启示 [J]. 中国行政管理，2014（6）：47-54.

❷ 施从美，帅凯. 回应性监管：政府主导型社区基金会有效监管的行动策略研究 [J]. 中国行政管理，2020（7）：114-121.

安排志愿者、社区代表等对居民进行入户宣教,举办知识讲座等。

社区工作者作为垃圾投放环节的重要参与者,一方面要注重参与监督、教育宣传能力的培养,另一方面要加强组织使命和志愿精神的建设。在参与垃圾治理前,湖州市政府会为社区工作者进行统编统导,加强其在垃圾监管领域的知识学习。在日常治理中,政府向社区工作者提供工作指导的同时发挥着监管功能。但是政府的监督难以做到事无巨细,于是政府就将对社区工作者的部分监管权分配给居民。若是发生垃圾桶清洁不到位、垃圾点选择不当、处罚手段不正确等问题,居民有权利对相关工作人员提出建议和举报。

政府在垃圾投放过程中扮演了一个建设者的角色,通过构建一套评估和监管体系,实现社区工作者和居民的强化型自我监管。一方面,政府在垃圾的投放治理中提供了财政上的支持,例如提供溯源垃圾袋、为相关工作者提供补贴和垃圾投放设施建设等。另一方面,政府提供了一套监管体系,社区工作者可以在该体系下对居民实现监督和处罚,居民也可以在该体系下向政府反馈社区工作的不足之处。

图 3-2 展示了湖州市生活垃圾分类投放过程中多元协同监管的演绎过程。

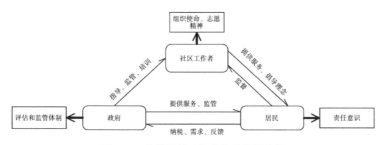

图 3-2 分类投放过程中多元协同监管

2. 垃圾收运环节

湖州市主要有三种生活垃圾分类收集模式。第一种是较为传统的模式，居民在垃圾投放站点进行分类投放后，由物业公司进行收集和二次分拣，再经由环卫公司进行下一步的运输和处理。第二种模式中，湖州市充分发挥政企双向融合的优势，优化原有的垃圾收集回收体系。以吴兴区的"欣回收"资源再生体系为例，由美欣达等本土企业牵头，将原有分散、随意的垃圾回收从业者进行编制整合，形成一支垃圾收集的"正规军"，称为"铛铛师傅"。通过实行"固定站点＋移动回收""撤桶并点＋巡回收集"的双轨收集模式，居民既可以将垃圾投放到固定的站点，也可以通过线上预约申请收集服务。第三种模式中，湖州市政府充分利用了社会资本来撬动分类力量，主要通过向企业购买服务来实现。以安吉县的"虎哥模式"为例，居民将可回收的垃圾分离出来，通过 APP 下单，虎哥就会在 1 小时之内按照一定的价格向居民提供收集服务。除了普通的生活垃圾，园林垃圾和大件垃圾都在虎哥的管理范围之内。图 3-3 展示了湖州市目前生活垃圾的三种分类收集的流程。

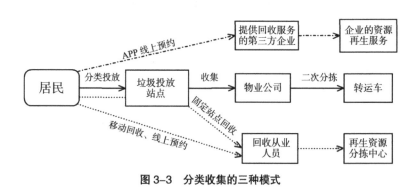

图 3-3 分类收集的三种模式

湖州市的生活垃圾运输主要有两种模式：一是转运，即在物业小区等产生源头先通过"车载桶装""车载袋装"等方式收运至垃圾转运站，再经过站内压缩密闭后转运至终端垃圾处理厂（场）；二是直运，即在物业小区等产生源头通过后装式压缩车直运至垃圾处理厂（场），或是通过垃圾勾臂箱收集后转运至垃圾中转站再直运至垃圾处理厂（场）。近年来，湖州市在基本实现城镇精准分类全覆盖的基础上，以"撤桶减点"为抓手，全力解决源头分类难题。全面推进主次干道定时定线的撤桶试点，对城市主次干道上的垃圾桶进行全面撤桶，建立定时定点的收集专线，进行分类收集工作。

在整个垃圾分类收运过程中，政府不直接参与某个流程节点，而是通过财政支持、法规约束等手段间接地参与治理。湖州市政府意识到，作为垃圾的生产源，居民形成垃圾分类的意识和习惯是垃圾治理的关键所在。为了培养居民的分类习惯，推动公众实现自我监管，政府前期投入了大量的资金来推行分类办法，整合社会资源参与垃圾治理。

参与垃圾收运的社会资本，包括向政府提供服务的企业和与政府合作的企业，在实践过程中形成了一定程度的自我监督、自我约束和自我发展。以"欣回收"体系下的"铛铛师傅"模式为例，为了实现企业内部管理，在对回收从业人员进行收编培训后，企业为铛铛师傅提供了设施、市场和安全保障的同时，对其收集服务也提出了规范要求，保证了内部各项规章制度的完整。但在实际推广过程中，这一模式的运行还是存在亟须解决的问题。例如，目前规范化经营的过程没有政府支持，企业只能通过提高成本去实现，这增加了企业运行的成本压力和管理负担。居民作为垃圾收运过程中的被服务者和受益者，有权利对政府和企业的行为进行监督，这就要求政府提供一个话语平台，保证居民的建议和想法能在第一时间受到重视并得到回应。此外，居民拥有监督权的同时也有积极参与垃圾分类的义务，培养居民形成分类习惯是当前湖州市政府垃圾治理工作的重点。

3. 垃圾资源化处理环节

2017年前，湖州市的生活垃圾主要通过卫生填埋、清运、焚烧等方式进行处理。清运只是转移了城市固体废物存在的空间位置，无法缓解"垃圾围城"的产生；卫生填埋无法完全将城市固体废物中的有害物质和难以消解的成分达到无害化处理的标准，在使用了大量土地的同时还对环境造成了污染。为了满足资源环境的需求，解决垃圾处理的难题，湖州市提出了发展以废弃物处理为对象的静脉产业。动脉产业是将原生资源加工成社会需要的产品供人类使用，而静脉产业则是将动脉产业生产和人类消费所产生的废弃物进行处理，两者共同构成了循环经济。

发展静脉产业的重点就是垃圾的再利用，将废弃物进行资源化利用后，将其转移到商品中再次进入市场流通，实现静脉与动脉产业的循环。例如餐厨垃圾通过资源化产生的废油脂可进入废油回收利用机构，通过回收后产生的生物柴油可供车辆使用；固废处置后分选出来的废塑料可进入塑料回收利用中心进行再利用，实现物料循环。静脉产业的处理对象主要包括生活垃圾、餐厨垃圾、大件垃圾等。这些垃圾首先进入分拣中心进行初步处理和分选，而后根据具体的垃圾特征选择处理方式，有资源化价值的垃圾再进行更深一步的处理，出料后投入到动脉产业中。湖州市的静脉产业物质流过程如图3-4所示，通过对不同垃圾的分类处理，实现了资源的再利用。由此可见，湖州市着力发展的静脉产业是发展循环经济的支撑，也是实现可持续发展的依托产业。

在开发静脉产业的过程中，湖州市主要遵循"政府主导、企业运作、公共参与、产研结合"多方合作共赢的建设模式。政府主导规划、提供基础设施、做好项目服务、配套相关政策，发挥综合协调作用以促进建立完善的收运体系。通过公开招标或者特许经营的方式，吸收有实力的企业进行投资建设，并通过探索推行PPP、政府购买环境治理第三方服务等模式，引导社会资本参与整体开发和长期运营。通过创新形式和路径，引导和鼓励公众参与产业的环保监督。推动产研合作，引入了骨干龙头企业、行业协会、重点高校、科研院所等开展相关领域核心技术和装备的研发推广。

在管理静脉产业的过程中，湖州市政府本着绿色监管治理的思想，以环境监管、环境准入、清洁生产三个方面为着力点，对垃圾的末端处理进行监督和引导。政府在静态产业园区内成立园区环境保护委员会，建立环境监测制度，设置了集污染监控、工况监测、

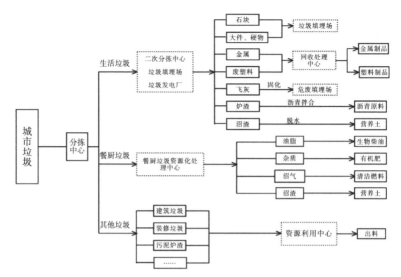

图 3-4 湖州市静脉产业物质流过程

环境质量监控于一体化的数字平台，监测各类环境指标，确保污染防治设施的正常运行和污染物的达标排放。在项目准入管理中，环境保护委员会按照国家和地方的政策以及各类环保制度，对企业采取严格的环保要求，非产业定位方向的项目不得进入静态产业园区。在清洁生产审核方面，为了提高垃圾的资源综合利用率，环境保护委员会对各功能区块的企业展开强制性审核，对生产全过程及废物生产的原因进行系统的调查研究并提出改进要求。

3.4.3 回应性机制视角下的生活垃圾监管治理模型

上述对于回应性机制应用过程的分析，我们发现无论在哪个环节中的"回应"，都有政府、社会公众和企业这三大主体通过回应性机制进行沟通和协同管理，以实现垃圾监管治理的"有用性"。这些沟通和协同管理过程中，呈现出一定的共性要素。据此，我们进一步构建基于回应性机制视角的生活垃圾监管治理模型，以期从理论上完善生活垃圾分类的监管治理体系，如图 3-5 所示。

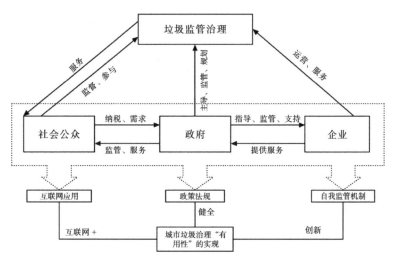

图3-5 基于回应性机制视角的生活垃圾监管治理模型图

一是社会公众。公众作为垃圾的前端产生源，其行为就是监管的重要对象，是实现源头减量的关键所在。垃圾治理本身是为公众所服务的，居民和单位作为治理的受益方既是被监管者，也是监督者。从回应性监管角度来看，一方面，政府在管理公众的垃圾产生时，以《湖州市生活垃圾分类实施方案》《湖州市市容和环境卫生管理条例》等法律规范为基础，对不同居民的行为采用不同的策略，监管手段是"劝服优先，惩罚为盾"，更致力于公众的分类减量意识的形成，鼓励其实现自我监督。另一方面，政府赋予了社会公众一定的监管权，对于那些产生邻避效应和负外部性的行为，居民有权利进行监督并提出异议。在湖州市的治理实践中，引入了互联网应用使公众更好地参与其中。运用"互联网+"思维，将垃圾的分类投放、分类收集与居民的生活以更直观的形式联系起来，实现了治理体系的一大创新。

二是企业。企业作为生活垃圾收集和资源化等中后端处理的主要参与者，其行为不仅受到政府的指导，也受到政府一定程度的监管。在垃圾治理过程中，主要的参与企业包括物业公司、清运公司、资源化处理公司以及一些"回收—处理"一体化的公司等。在湖州市的实践中，企业参与垃圾治理的形式具有多元化的特征，既可以是通过公开招标和特许经营参与到某个处理环节，也可以是由政府通过PPP、购买第三方服务等方式将企业的日常经营引入到治理过程中。政府针对企业的行为做出不同的策略，对于那些正在起步、对垃圾治理产生正外部性的企业，政府会加大财税、金融、生态补偿等政策扶持，给予一定的支持和引导；对于那些不符合行业规范、产生环境危害的企业，政府采用阶梯式的强制手段，从劝服和警告到吊销执照，逐渐收紧企业的自我监管权。但是在治理实践中，政府无法做到对企业全方面、无死角的监管，这需要消耗大量的政府资源。于是湖州市政府在管理过程中强调创新企业的自我监管机制，即分配一定的监管权给被监管企业，企业可自行制定规范，自查违法行为，自罚、自纠内部违规事件。企业自我监管机制的形成不是一蹴而就的，需要根据实际条件不断调整，实现阶段式的创新和动态的均衡。

三是政府。政府作为垃圾治理的牵头人和主导者，其行为贯穿垃圾治理全过程。除了采用多种政策手段为社会公众提供服务，监督、支持和引导企业参与垃圾处理，还要为治理过程提供基础性的保障，包括营造"全民参与，人人受益"的治理氛围和"有法可依，有例可循"的法制基础。前者可通过社区倡导制度在公众里展开教育宣传实现，后者则要求政府立足湖州市的实践，健全各类法制基础。湖州市在垃圾治理过程中确实强调了政策配套，围绕"1+4+10"政策体系，先后编制《湖州市城镇生活垃圾分类和资源回收利用中长期发展规划》《湖州市生活垃圾分类实施方案》和《关于限制一次性消费用品的工作意见》等10个配套文件。同时，还编制了《湖州市生活垃圾分类指导手册》《湖州市生活垃圾分类投放指南》《湖州市餐饮企业分类投放指南》《新建居住小区垃圾分类设施标准》等一系列分类标准文件；德清县出台全省首个垃圾分类县级地方标准规范——《生活垃圾分类管理规范》等。

3.5 垃圾分类中的人大监督机制

湖州市将垃圾分类摆在一个重要的地位，坚持法治引领，有序推进生活垃圾分类工作，将生活垃圾分类工作纳入地方性法规，并根据自身实际情况配套制定了相关政策体系。为了能够强化法规宣传贯彻执行，创新性地引入人大监督机制，将一些优秀有管理经验的人大干部分配去负责生活垃圾分类工作的监督治理。

3.5.1 人大监督促进协同治理

随着中国的发展，地方各级人大在中国的经济和政治生活中日渐活跃。作为我国的根本政治制度，人民代表大会制度是人民民主专政的政权组织形式，也是国家治理体系和治理能力现代化的制度承载。学者黄小钫认为现代国家治理的基本特征是强调治理主体的多样化，而人大制度则在国家治理中承担一个联结的作用❶。不同于西方国家的资本主义治理体系及主体结构，中国国家治理体系是党领导下管理国家的制度体系，呈现出地位不同的多主体的格局，具体表现为"一个中心多方合作的新型治理结构"❷。学者王续添认为将中国共产党与其他国家治理主体联结起来的制度性渠道有很多，其中，人大制度是"连接党委、政府和公民、社会最基础、最具制度化的桥梁和纽带"，这是其他制度所无法替代的❸。党的十八大以来，人大制度开展了不同地区的协同立法、设立基层立法联系点、"小切口"立法等创新实践。浙江省也建立

---

❶ 黄小钫. 论人大制度的优势及其治理效能的转化与提升 [J]. 教学与研究，2021（3）: 5-14.

❷ 刘少华，刘凌云. 中国式国家治理的基本特征 [J]. 新视野，2019（4）: 44-49.

❸ 王续添. 代表制、派出制与地方治理——以地方人大派出工作机构为中心的考察 [J]. 教学与研究，2015（6）: 15-26.

了立法联席会议制度，确定了协同立法的基本制度框架，包括规划计划工作协同、起草工作协同、推进工作协同、成果共享协同等❶，这种制度创新给予地方人大更大的施展空间，可以听取更多来自基层和底层公民的声音，有利于工作的开展。同时，人民代表大会及其常务委员会作为我国的权力机关，既承担着国家和地方立法职能，也肩负着保障宪法和法律实施的监督职能。作为国家和人民之间的桥梁纽带，人大监督注重围绕党的重大决策和关系人民群众利益的热点问题，通过整合多种监督方式，形成环环相扣的监督链条，向监督对象输入压力，督促监督对象对工作中存在的问题进行自我纠正❷。这些在执行工作中形成的监督链条既可以提高监督对象的自觉性，又能够促进监督对象发挥协同治理的功能。学者章楚加认为人大监督内嵌于国家监督体系之中，在国家监督体系内部具有特殊的法律地位，居于整个国家监督体系的顶端，相比较于社会监督有着不可替代的重要性：第一，人大监督的权威性至上❸。人大代表具有相应的权力，可以行使罢免权或撤职权，其监督行为具有法律效力，在推行工作进行中能够更好地起到威慑作用。第二，人大监督的对象多元。人大监督能够将地方各级人民政府及相关部门的主要负责人等也囊括在内。第三，人大监督的内容丰富。人大监督并不局限于刑事犯罪范畴，也包含行政违法行为。随着人大监督在中国的实践探索，人大监督逐渐形成在监督过程中重视与监督对象的沟通、协商和反馈的监督形式，其制度特点能够有效促进监督对象协同治理，成为我国监督体系中一股特殊有力的监督力量，在我国多个管理领域发挥着巨大的作用。

❶　席文启. 十八大以来人大制度实践的新发展 [J]. 新视野，2022（1）: 5-13.

❷　孟宪良. 组织、协商与压力: 人大监督权的运行逻辑 [J]. 新视野，2019（3）: 49-54.

❸　章楚加. 环境治理中的人大监督: 规范构造、实践现状及完善方向 [J]. 环境保护，2020，48（Z2）: 32-36.

3.5.2 湖州市建立人大代表"网格化"监督治理体系

推动垃圾分类行动，保护生态环境，建设美丽湖州，是一项长期的战略任务。湖州市在推行垃圾分类时注重全面落实《中华人民共和国固体废物污染环境防治法》《浙江省生活垃圾管理条例》等法律法规要求，以法律法规执行检查为抓手，建立了市人大依法监督生活垃圾分类推进的工作机制，组织全市 4700 多名各级人大代表，就近下沉到基层社村开展"网格化"监督治理生活垃圾分类工作。市人人常委会每年听取生活垃圾分类工作情况报告，举行生活垃圾分类情况专题询问暨代表问政会，坚持"管行业就要管分类"，督导各行业落实生活垃圾分类责任，并组织市人大代表对行业分类情况进行暗访检查。同时严格执法，2021 年全市累计办理生活垃圾分类处罚案件 1.6 万余件，有力推动了生活垃圾分类从制度规范转化为个人行动自觉。为什么"网格化"监督治理能够在生活垃圾分类这一公共管理过程取得如此成绩，下面将对此进行分析。

现代国家治理是以社会治理为基础展开的建构行动。而随着我国社会的发展，基层社会治理面临资源与任务不平衡的矛盾。为解决这一矛盾，各地开始探索现代化城市社区治理模式，上海在 2003 年首先提出社区网格化治理模式。学者蔡玉卿认为网格是联结国家治理和社会治理的空间场域，更是公共生活和权力运作的根基，具有社会建构的意义❶。通过以社区为"网格"单元，政府可以有效地安排资源下沉，让网格居民更积极地参与到社区治理，行使自己的管理权，享受高效的公共服务。如今随着科学技术的进步，依托"网格＋网络"的双网驱动模式，学者吕童认为能够依靠区、街道网格化治理中心所配备的数字化信息平台，实现对网格内每个角落进行实时监控，获取所需要的精准信息，可以减少社会治理成本，这也

---

❶ 蔡玉卿. 网格化管理视角下社会监督的逻辑、困境与超越 [J]. 行政论坛，2018，25（4）：43-48.

强调"格长"对人力、物力等治理资源的统筹❶。在构建起来的网格系统内通过技术手段的串联，使得不同部门的组织和个人实现高质量互动，克服了管理的"碎片化"。通过网格化治理，基层政府不仅实现了资源的下沉与整合，解决了资源与任务不对等的矛盾，还以中国特色的党政统合模式实现了基层治理的体制创新，促进了基层治理体系和治理能力的现代化❷。

　　中国的治理监督传统上遵循一种自上而下的运行逻辑，导致基层社会处于治理末梢，常常出现监督不到位、权力失控的不良现象，影响政策的有效实行。学者夏群等认为网格化监督与网格化治理是一样的结构❸。网格化治理是通过技术治理和资源整合，重塑基层"熟人社会"的内向治理规则，激活基层组织权力运行活力。网格化监督则是沿着网格化治理的权力脉络，在监督主体、监督任务和监督内容等方面具有独特的生成逻辑，从而有效展现网格化监督的应然图景和内涵共识。

　　正如第1章提到的，垃圾分类需要多元主体共同参加，而垃圾分类正是一个很容易出现"碎片化"管理问题的工作。湖州市成立了推进生活垃圾分类工作协调组，由市人大常委会主任担任组长，市委常委、宣传部部长，市委常委、常务副市长等市领导担任副组长，协调组下设综合实施、宣传教育和监督推进3个专项工作组。我们通过访谈湖州市相关人员、阅读湖州市相关政策文件和资料认为，湖州市在推动生活垃圾分类行动上采取人大下沉到基层社区，正是考虑了现在城市社区化的特点，将人大监督与"网格化"治理和监督创新性地结合运用到垃圾分类当中，通过"网格化"有效扩大了人大监督的促进协同治理的范围，极大增强了

❶　吕童.网格化治理结构优化路径探讨——以结构功能主义为视角 [J]. 北京社会科学，2021（4）：106-115.

❷　吴青熹.资源下沉、党政统合与基层治理体制创新——网格化治理模式的机制与逻辑解析 [J]. 河海大学学报（哲学社会科学版），2020，22（6）：66-74，111.

❸　夏群，吴玉兰.纪检监察网格化监督的生成逻辑与实践路径 [J]. 安徽行政学院学报，2021（1）：31-38.

管理人员之间的沟通。此外，既保证了政府作为监督治理的主导作用，又发挥了其他主体的协同治理功能。如图 3-6 所示，湖州市通过建立四级网格监督，湖州人大沿着网格起到监督作用，伴随管理责任下移，促使相应人力财力资源逐步下沉，使网格内服务与管理的触点前移、嵌入至网格，进而延伸到楼宇、楼门、庭院，形成"横向到边、纵向到底"的服务管理体系❶。这确保了垃圾分类治理的每一级网格都有其负责监督人员，且监督人员的工作受到上级考核监督和群众监督。同时采取措施让社会力量也参与到垃圾分类工作的监督治理当中，这能够激发监督对象的内生动力，发挥监督对象的积极性和主动性，从而形成一张严密的监督网，实现覆盖性的管控，能够及时有效发现违反生活垃圾分类法律法规的事件，保障监督的实效性。

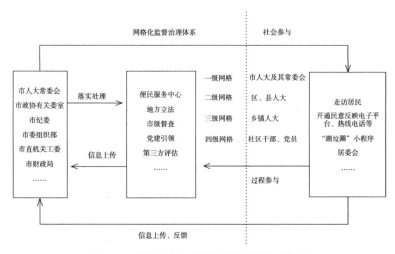

图 3-6 湖州市人大"网格化"监督治理体系

---

❶ 孙柏瑛，于扬铭．网格化管理模式再审视 [J]．南京社会科学，2015（4）：65-71，79.

可以看到湖州市"网格化"人大监督治理既借鉴了"网格化"治理方法，又有其因地制宜的发展创新。下面我们总结了湖州市的五点经验：

1. 数字化改革，打造"网格＋网络"双网模式

湖州市人大常委会一直在推动垃圾分类数字化治理的发展，助力于推动线上监管，发挥数字化监管的优势。长期以来，回收物品种类、重量及去向等信息均难以统计。湖州市依托 GPS、移动服务端及地磅数据传送等先进物联网技术，构建再生资源一站式智慧监管平台，加强回收人员、车辆、站点等实时监管，实现可回收物来源可溯、种类可分、重量可查、去向可追，全过程智慧化监管，极大助力生活垃圾源头减量。此外，湖州市全面整合政府管理部门、末端处置企业、第三方服务单位等智慧管理资源，在三县三区均建有智慧管理子平台的基础上，打造全市统一的数字化监管平台，网格各级监管人员可以随时掌握垃圾分类的动向，对其进行监管。依托数据管理平台，找出垃圾分类"零上门""零参与""零达标"的家庭，并对其进行定向督导，激活这三类"沉睡人群"，让垃圾分类做到全员参与。湖州市政府也不断在加强信息采集，建立执法对象基础数据库，各级人大及相关部门对问题高发的行业加大执法检查的频次和力度，加强证据固化，探索运用执法视频记录、监控视频巡查等方式提高违法违规行为的发现率、追溯率和处置率，运用"非现场执法"等方式，提升精准执法效能。从长期来看，借助数字化改革打造"网格＋网络"既可以减少治理成本，将湖州市的垃圾分类工作"一网"览尽，还能加强上下联动监督治理的作用。

2. 依法治理，网格化领域地方立法监督

湖州市在关于生活垃圾分类方面的法律法规首先遵守国家层面和省级政策文件。在此基础上，湖州市还注重根据在推行生活垃圾分类工作时发现的问题出台针对性的政策文件。在调研策划阶段，由市人大牵头，带领市级相关部门参与，学习优秀地市生活垃圾分类工作先进经验做法，梳理湖州市垃圾分类工作中的短

板不足，形成调研报告，制定出台解决措施和工作方案，创出亮点特色，树立湖州品牌，形成可持续的规章制度，这也发挥了人大监督治理的关键作用。

例如，为做到从源头减少垃圾的产生，响应习近平总书记的号召，结合湖州市本地的实际情况，湖州市人民代表大会常务委员会于 2020 年 12 月 24 日做出《关于坚决制止餐饮浪费行为的决定》。该文件指出全市各级人民政府应当加强组织领导，强化属地责任，完善工作机制，明确责任分工，做好坚决制止餐饮浪费行为的部署推进、监督检查和责任考核工作，推动全社会执行《餐饮节约行为导则》市级地方标准，建立节俭用餐提醒激励机制、铺张浪费评价惩戒机制、节俭消费倡导监督机制。市、区县人大及其常委会采取听取专项报告、开展视察调研等方式，加强对坚决制止餐饮浪费行为工作的监督检查。各级人大代表也收到市人大委员会的通知，要加强日常的监督，上级会对其工作进行考核，推动坚决制止餐饮浪费行为各项措施有效执行。

3. 多元共治，形成网格化治理合力

湖州市在推进生活垃圾分类活动时，市人大及其常委会一直强调要强化社会参与，引导和激励社会组织参与治理。湖州市政府相继开通民意反映电子平台、热线电话等，听取来自各方人士的意见和接受社会的监督，充分发挥各级人大代表、政协委员、社会团体的智慧和力量。此外，市人大下发政策文件，要求街道（乡镇）和社村干部要经常走访居民（村民），听取他们对于生活垃圾分类工作的意见建议。还组织了社会各界座谈交流，鼓励社会资本参与垃圾分类。同时，湖州市也在建设生活垃圾分类便民服务中心，依托"湖垃圈"小程序，构建"码上约""码上学""码上说"等"码上服务体系"，集政策咨询、服务预约、投诉建议等于一身。其中监管人员在其后台收到来自市民的拍照投诉后会督促相关人员或部门处理整改，促进了全民参与监督治理的积极性。在 2020 年"8·15"生态文明日，组织召开了湖州市建设生活垃圾分类全国示范市动员大会,举行启动仪式,由市、区县、乡镇三级人大代表发出倡议,发动有关部门、群团组织、新闻媒体、基层自治组织、广大群众积极参与,各区县的人大按照指示同步进行,为全社会合力推进生活垃圾分类工作营造良好氛围,形成了强大声势。

4.党建引领,做优做实社会治理全要素网格体系

湖州打造"红色网格",建立党建引领制度,推动网格党支部全覆盖,在社会治理最小单元中树旗帜、亮底色。结合"双联系双报到"制度,及时将参与度低、分类质量差的党员干部反馈到其所在单位。同时社区组织党员干部参与志愿服务,针对当地垃圾分类产生的问题,了解居民需求、征求居民意见、消除居民顾虑,提升居民满意度。此外,市委组织部牵头开展"垃圾分类党员楼长制"长效活动,让网格单位精确到楼。

5.善用网格化监督组合工具,巩固夯实生活垃圾分类工作

湖州市政府建立了生活垃圾分类监督推进组。由市人大常委会牵头,主要成员单位有市人大有关委室、市政协有关委室、市纪委(市监委)、市委组织部、市委统战部、市直机关工委、市财政局等。其主要职责是根据《湖州市建设生活垃圾分类全国示范市工作方案》要求,督查部门落实各项相关工作,推进全市生活垃圾分类工作高效推进。

第一,五级代表联动监督。由湖州市人大常委会发动各级人大代表,按照"就近就便"的原则,通过实地检查、接待选民等活动,督促所在社区、单位开展垃圾分类工作。各级人大代表也充分发挥了自身模范作用,在监督过程中与市民保持联系,建立起了信任,有效带动市民自觉当好生活垃圾分类的监督员。第二,跟踪问效持续监督。湖州市人大常委会定期组织各级人大代表对垃圾分类投放、收集、运输、处理的全过程进行视察,听取进展情况汇报,保证对垃圾分类工作的全程持续监督。第三,强化督导检查。湖州市人大常委会下发了政策文件要求各责任单位要加强对专项行动工作的督导,及时掌握本行业、本领域工作进展情况。并且

将美丽提标垃圾分类专项行动纳入全市街道党委书记季度交流会、生态环境保护市级督查、市人大和市"两办"专项督查等内容，举行阶段性开展亮晒比拼和成效评估。第四，暗访监督。湖州市人大常委会对各区县开展情况进行暗访、检查和评估，人大代表们隐藏身份深入到居民当中听取关于垃圾分类最真实的声音，去现场考察垃圾分类工作实况，这能够掌握生活垃圾分类工作的第一手资料。

这一系列监督举措，推动了湖州市生活垃圾分类工作的进展，巩固夯实了生活垃圾分类工作的成果。

3.5.3 湖州市人大监督引入第三方评估

为了能够更好地推进生活垃圾分类工作，取长处、补短板，2021年湖州市人民代表大会常务委员会办公室引入第三方，委托浙江省环境科技有限公司对湖州市城乡生活垃圾分类与资源化利用实施现状工作进行评估，其项目的负责人和审核均为教授级高工，具有丰富的环境治理经验。

人大监督工作引入第三方，是指人大常委会在监督工作中引入独立的、有资质的专业机构或社会组织，对监督议题或具体专项工作开展调查评估等相关工作❶。评估是绩效管理的关键环节，"第三方评估"是政府绩效管理的一种重要形式。第三方是独立于第一方（被评估对象）和第二方（服务对象）之外的与两方没有隶属关系、利益关系的另一方❷。学者郑方辉等认为独立性是第三方评估生命力的来源，确保了结果的客观公正❸。

西方国家通过近百年的理论研究和实践，已经形成了一套较为

❶ 左娇娇.人大监督引入第三方的思考[J].人大建设，2020（11）：44-45.
❷ 徐双敏.政府绩效管理中的"第三方评估"模式及其完善[J].中国行政管理，2011（1）：28-32.
❸ 郑方辉，陈佃慧.论第三方评价政府绩效的独立性[J].广东行政学院学报，2010，22（2）：31-35.

成熟的第三方评估体系，中国的第三方评估发展时间则较短。在 20 世纪 90 年代，由中国政府发动的以公众主观意见为评价指标的"万人评政府"活动，这是政府首次引入第三方评估机制，带动了我国第三方评估的快速发展。后期第三方评估趋于"机构化"，受民间支配的第三方评估机构蓬勃发展，相应的制度保障也逐步建立起来❶。学者葛蕾蕾等认为第三方评估有着独立性、专业性、权威性的优势，在公共服务领域愈来愈成为公共治理的重要工具 ❷。

　　湖州市人大监督引入第三方评估正是弥补了其工作上的专业性不足。如图 3-7 所示，由湖州市人民代表大会常务委员会、市容环境卫生管理等生活垃圾分类相关部门提供信息，与第三方评估机构浙江省环境科技有限公司进行研讨，最后敲定以浙江省《城镇生活垃圾分类标准》《浙江省农村生活垃圾分类处理规范》《浙江省生活垃圾管理条例》《关于贯彻市委主要领导批示精神加快生活垃圾分类工作"补短板、促平衡、提质量、抓进度"》《关于推进湖州中心城市生活垃圾分类积分规则统一的通知》《湖州市建设生活垃圾分类全国示范市工作方案》《湖州市人大常委会关于完善监督推进生活垃圾分类工作的实施方案》等有关文件为要求，对湖州市的城镇、农村生活垃圾分类工作以及垃圾资源化处理利用工作实施现状进行分析评估，提出优秀、良好、合格和不合格四个等次。评估对象涉及湖州市吴兴区、南浔区、南太湖新区、德清县、长兴县、安吉县 6 个区县。贴合湖州市这几年所做的生活垃圾分类工作，通过对评估过程和评估的外部环境进行优化❸，从而实现了第三方评估的本土化。本次评估制定了评分细则，对每个区县的城镇生活垃圾分类与资源化利用情况进行现场核验，以

❶ 刘玮，江雅丹，刘希. 社会组织第三方评估机制：逻辑起点、实践及优化 [J]. 湖南财政经济学院学报，2020，36（2）：71-77.

❷ 葛蕾蕾，韩依依. 国内第三方评估的现状、特点及优化路径——基于二维视角的案例研究 [J]. 行政管理改革，2019（11）：77-84.

❸ 石国亮. 慈善组织公信力重塑过程中第三方评估机制研究 [J]. 中国行政管理，2012（9）：64-70.

《美丽提标垃圾分类专项行动方案》文件为依据，重点考核生活垃圾分类相关政策标准优化完善、源头建立深入推进、基础设施能力提升等重点工作开展与落实情况，以及资源回收利用率、分类准确率等实效情况。该评估项目历时 4 个月，并以《2021 年湖州市城乡生活垃圾分类与资源化利用实施现状评估报告》为最终展示成果。

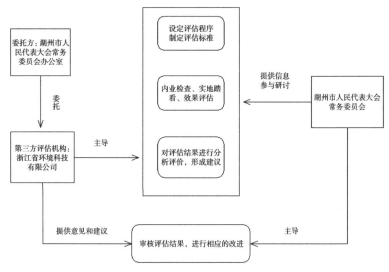

图 3-7　湖州市生活垃圾分类第三方评估流程图

对照评估评分细则，各区县的综合得分及评估等次为：安吉县综合得分 96.64 分、吴兴区综合得分 94.60 分、长兴县综合得分 94.43 分、德清县综合得分 94.37 分、南浔区综合得分 92.40 分，评为优秀；南太湖新区综合得分 80.30 分，评为良好。此次现场评估过程中，共计抽查了全市 6 个区县 1020 处生活垃圾分类投放点位的分类实效，共发现错投 75 处、空桶 96 处、投放合格 849 处，全市合计错投率为 7.35%、空桶率为 9.41%、投放合格率为 83.24%。各区县之间，主要表现为三个县和南浔区的分类投放合格率较高，都在 90% 以上；吴兴区由于空桶率较高，南太湖新区由于错投率较高，其投放合格率均在 60% ~ 70%。

通过此次评估，湖州市掌握了生活垃圾分类投放与资源化利用推进的基本情况、取得的进步和依旧存在的问题，并形成总结性的评估报告，可为今后湖州市进一步强化生活垃圾分类与资源化利用工作提供一定的基础，为相关规章制度的制定和完善提供参考。

第4章

湖州市城镇生活垃圾分类的教育

前述章节，我们基于"过程—结构"视角探索了湖州市城镇生活垃圾分类监管治理的实践特色，总结出"标杆"的建设、"监管治理空间"的营造、"基于倡导"的协商、"回应性"的应用等工作机制。湖州市 2019 年成为浙江省的标杆后，常迎来省内外其他兄弟城市管理者的参观和学习。在参观学习中，这些从实践中总结出来的工作机制，从管理者的视角来看，也常被称为"温故而知新"的实用技巧。因为，大部分的实践管理者都已经在自己的工作中或多或少地领悟到了这些特色机制里所蕴含的要素。但是，仅仅理解这些特色工作机制是不够的。就好比走进一片森林，我们首先好奇的是一棵棵的树，但当我们看清楚了那些树后，又不禁好奇这些树背后的那片"森林"是怎样的。也就是说，如果要真正理解湖州市之所以"优秀"的结构性原因，"见树木又见森林"才能真正完备。《翻转极限：生态文明的觉醒之路》是 32 位罗马俱乐部成员共同完成的第一份集体报告，他们以积极的态度研究了全世界面临的气候、环境和生态危机。在提到未来的解决方案时，他们认为政策（政府行为）和可持续文明的教育是关键❶，也就意味着政策（政府行为）是关键的"树木"，可持续文明的教育是支持树木的那片"森林"。因此，我们认为，湖州市城镇生活垃圾分类的监管治理机制能够发挥比较深入、充分和相对全面，其背后是因为他们重视生活垃圾分类的教育，培育了深厚的生活垃圾分类文化氛围。接下来，我们将从湖州市城镇生活垃圾分类的教育视角，对这一观点展开相关的阐述和探讨。

4.1　生活垃圾分类行为教育下的文化氛围培育

在湖州市，无论大街小巷还是楼道商铺以及办公室和家里，"垃

---

❶　魏伯乐，安德斯·维杰克曼 . 翻转极限：生态文明的觉醒之路 [M]. 程一恒译 . 上海：同济大学出版社，2018.

圾分类，从我做起""垃圾分一分，生活美十分""垃圾分一分，生活更精彩"等标语似乎无处不在，并且常常和"在湖州看见美丽中国""绿水青山就是金山银山"等湖州城市名片放在一起，给人以一种强烈的个体行为与集体风貌之"绑定"感。我们认为，这是湖州特色的"生态集体主义文化的教育"的体现。它首先激发个体行动与集体主义的关联；其次，将生态保护动机进一步融入到集体主义文化的培育过程中，逐渐形成生态集体主义文化；最后，在生态集体主义文化的培育中，基于本地知识的传统文化开始觉醒，结合文化与时代新需求，成为生态文明建设的文化风貌。所以，到处可见的标语并不是简单的口号，其背后的生态文化建设和传导机制更耐人寻味。

4.1.1 集体主义文化氛围

集体主义在马克思价值体系中，是社会控制的重要手段之一，它对社会成员的社会行为有相当强的指导性与约束性，对社会个体的价值观有导向和统摄作用，是牵引社会成员社会行为的内部动力❶。它也是中国特色社会主义的道德原则和核心价值理念，是处理集体利益与个体利益的根本准则。湖州市城镇生活垃圾分类的教育，充分体现了集体主义文化相关的特点，具体分析如下：

第一，集体主义的总原则为集体利益高于个体利益。当个体利益和集体利益发生矛盾，集体主义文化价值观的培养会让个体在必要时应当牺牲自己的利益。因为当事人理解在维护集体利益的同时，也是在维护个体的根本利益。如前述第3章所分析的"邻避效应"问题，当大家都不愿意垃圾桶放在自家门口或附近，觉得垃圾桶的放置会影响到自家的空气，损害了自己的个体利益时，基于社区倡导的协商机制妥善地解决了由此带来的问题。集体主义文化价值观是社区倡导的重要目标，故在解决垃圾桶摆放这一问题上，湖

---

❶ 龚秀勇．集体主义与个人主义之关系再省思 [J]．理论与改革，2012（1）：44-48．

州市政府没有采取强硬措施，规定垃圾桶摆在哪个位置，而是考虑多方面的因素，在尽可能减少垃圾桶对居民影响的前提下，民主地选取摆放位置。居民个体在这种柔性教育下，也能在最大程度上接受相关部门的安排，牺牲个体利益来保证大家共同的集体利益。第二，集体主义强调集体利益和个体利益的辩证统一。中国是社会主义国家，集体利益是所有成员共同利益的统一，代表着个体根本的、长远的利益。所以，个体要积极地关心并且维护集体利益。在垃圾分类没有做出规范前，人们只要把垃圾丢在垃圾袋里面，看似非常省事，从长远上看这不仅浪费地球上的有限资源，而且垃圾不分类填埋或燃烧对自然和我们人类身体健康的破坏都是不可逆转的。开始实施垃圾分类的监管治理后，其展开工作遇到许多的问题，其中居民个体不配合是一大难题。但当个体意识到垃圾分类就是在维护集体利益，最终的受益者是自己和自己的后代时，这一难题就迎刃而解了。再次，集体和个人都要从各自的角度重视集体利益与个人利益的统一与协调，在协调中使双方的利益得到保护和发展。湖州市作为浙江省乃至全国垃圾分类的模范，我们在实地走访时所感受到的是湖州市的环境确实非常干净，给人一种身心愉悦的感觉，这其实就是集体利益与个人利益的相统一。因为湖州市民积极参与垃圾分类，所以他们能够享受到优美的居住环境。第四，集体主义重视和保障个人的正当利益。集体主义还强调要促进和保障个人正当利益的实现，让个人的才能和价值得到充分的发挥。如湖州市目前在中心城区建设了 28 个固定式回收服务站点，"收编"（指进入垃圾分类体系中的公司或成为个体户）"铛铛师傅"80 余位，日均可回收量达到 120 吨左右。收编的个体工商户和"铛铛师傅"是之前垃圾的拾荒者和分拣者，政府建议相关企业"收编"他们，可以发挥他们的长处，利用他们对于可回收物分类的熟悉度，既能够提高垃圾分类的效率，又能够给拾荒者提供一份工作，为他们解决生计问题，但同时也可以引导他们，因为垃圾的拾捡、分拣和运输需要规范和统一。之前，城镇生活垃圾分类的二次污染一部分来自这些群体的不规范行为。如街头或社区等拾荒者为了纸箱等可回收物，常常会将纸箱里的泡沫或塑料等物品乱倒在不容易被人发现的角落里，导致不可回收物的失控，污染公共环境，很多垃圾直接进入河流和土壤，给环卫系统增加了负担，也深度污染了环境。

4.1.2　生态集体主义文化氛围

党的十八大以来，以习近平同志为核心的党中央站在时代和全局的高度，对马克思主义的集体主义思想进行了发展。学者耿步健分析习近平总书记近几年关于生态环境的讲话内容，认为习近平总书记所提到的人与自然的关系其实就是生态集体主义[1]。生态集体主义是集体主义价值观在后工业文明时代伴随着生态文明建设实践而呈现的一种新的历史形态，是指以马克思、恩格斯的生态文明观为指导，视人、自然、社会于一体，着力处理人与人之间、人与自然之间关系的矛盾与冲突，促进人与自然的和谐、人与社会的和谐，保证社会的全面协调可持续发展和每个人自由而全面发展的价值观念和道德原则[2]。湖州正是一个统合人、社会、自然三者关系，践行生态集体主义的例子。它不仅较早地开启了"生态集体主义的自我觉醒之路"，更自发地用更多的本地实践获得实在的价值。这些"获得感"很强的价值是习近平总书记"两山理论"的现实例证。

20 世纪八九十年代，湖州市安吉县的余村三面环山，拥有丰富的矿石资源。余村的村民们靠山吃山，开起了多家矿山企业和水泥厂，余村靠着挖矿石、卖水泥跃居成为湖州的首富村。但连续几年的炸山挖矿，留下的是一片片满目疮痍的破碎地面，原来在山里安家的动物也逐渐减少，生态系统遭到了严重破坏，村里的河流因为工厂排放的污水和丢弃的垃圾变得不再清澈，村民们的身体健康也面临着威胁。这时余村的村民才意识到对大自然过度的索取和破坏

---

[1]　耿步健.生态集体主义：构建人类命运共同体的重要价值观基础 [J]. 江苏社会科学，2020（2）：1-9，241.

[2]　耿步健.正确认识生态环境也是生产力 [N]. 新华日报，2015-05-26（016）.

终将由自己承担相应的恶果。最终，村民们痛定思痛，在党支部书记的带领下决定关闭矿山，封山养林，把生态环境修复好之后大力发展农家乐和生态旅游。自此，生态集体主义的实践层出不穷，包括自然资源的合理开发如农家乐、生态旅游，创新绿色产业的发展，如竹子、茶叶等本地特色产业。

2003年4月9日，习近平同志第一次来到了安吉县视察调研浙江的绿色产业。习近平先去竹博园进行参观考察，对于其不断发展并且改进技术、减少环境污染的竹子产业表示了肯定。他说竹子既能作为工业原材料，又能发挥生态作用，希望安吉县能够再接再厉把竹子产业做得更好，起到一个全国性的示范作用。视察天荒坪抽水蓄能电站时，习近平强调了发展清洁能源的重要性，但是在建设过程中一定要注意做好环境保护工作。之后习近平还视察了溪龙乡的白茶和其他绿色产业。视察完安吉县的生态经济建设后，习近平认为安吉县是浙江生态经济建设一个很重要的参考。

2005年8月15日，习近平在第二次考察湖州市安吉县时了解到余村关矿山转型生态旅游的举动，对此予以充分肯定。习近平指导说生态资源是安吉最宝贵的资源，安吉县要继续扎实走好生态立县的道路。"我们过去讲既要绿水青山，也要金山银山，其实绿水青山就是金山银山"，习近平说道。正是这句"绿水青山就是金山银山"鼓舞了安吉县和整个湖州市的生态实践，坚定地走绿色发展道路，探索如何把生态优势变为发展优势，在更大的范围进行推广。

有了"两山理论"的指导后，湖州市开始生态觉醒，利用自己的生态资源优势打造生态品牌，对城市进行绿色经济发展建设。2006年，为了让脏差的太湖水重新回到原来的清波荡漾，湖州市政府关闭了太湖附近不达标的污染工厂，全面完成了十三个行业提标改造及转型任务，将太湖内居住的渔民迁上岸。改造后的太湖不仅风光无限，而且从原来的荒凉之地变成了文创、婚庆、健康产业集聚区。和余村一样因为挖矿导致环境遭到破坏的东衡村关闭了矿山，经过生态修复后，大力发展本地特色的钢琴产业，还结合孟頫文化，以赵孟頫纪念馆为文化项目支撑，打造"钢琴小镇"。在坚持践行"两山理论"的十五年间，湖州市实践了"生态好、产业好、经济好"的理念。2020 年，"在湖州看见美丽中国"城市生态文化品牌也应运而生。

同样地，通过第 2 章中关于湖州市城镇生活垃圾分类制度化和实践进程的分析，我们可以看到这些年湖州市不仅在生态上面下了很大的功夫，也一直在不断探索生活垃圾分类的监管治理体系建设路径。把垃圾分类作为践行"两山"理念、保护生态环境的重要抓手，扎实推进社会生态治理。在"零填埋、负增长、全分类、全处置"基础上，湖州市全力打造城镇生活垃圾分类的全国示范地。走在湖州市，感受到街道路面的干净整洁和空气的清新，此时看见的"在湖州看见美丽中国"标语更多地传导为个体内心想要的心声。

垃圾分类问题实际上是人、社会、自然三者之间的一个关系处理问题。集体主义强调的是人和社会的关系，认为人从属于社会；生态主义强调的是人和自然的关系，认为人从属于自然。两个主义看起来似乎是互相矛盾的，其实不然。生态集体主义的出现很好地诠释了将人、自然、社会视为统一整体的唯物史观。生态集体主义将调节人与自然关系的生态伦理及调节人与人关系的社会伦理有机结合，使人、自然、社会真正成为一个命运共同体，它是社会生态价值观的一次自我革命❶。当今社会仍有不少人觉得自己凌驾于大自然，自然只是作为一种工具，没有内在价值。还有一些人把自然看成公地，不加以保护，很多生态环境问题就是"公地悲剧"问题。垃圾不分类、乱丢垃圾就是目前一个很大的"公地悲剧"。如一般情况下，当把垃圾进行分类要比随意丢垃圾的成本高，人们就会倾向于对自己收益更大的选择就是不分类，长此以往我们的环境容量

---

❶ 田芝健. 生态集体主义是一种必然选择 [N]. 社会科学报，2017-07-13（008）.

资源就会遭到破坏。但当生态集体主义文化建设和传导教育比较充分时，个体曾经不假思索地随意丢弃垃圾或因各种原因不愿意分类的行动会自动受到规范的调节。

4.1.3　生态集体主义文化培育中的传统文化氛围复苏

从集体主义到生态集体主义的快速转变，是我国在面临生态环境问题时的特色进步，这种特色进步给了世界环境问题解决的希望。相比强调个人主义的西方国家，我国的优秀传统文化为生态集体主义提供了肥沃的思想土壤，为这种思想扎根于我国提供了实践条件❶。中华传统文化源远流长，里面蕴含着丰富的生态环境保护思想。中国古代的人对大自然是充满尊重敬畏之心的，老子提出"人法地、地法天、天法道、道法自然"，里面的"道"是"自然而然"。老子认为"道"不仅制造出万物，还是万物得以存在的基础和保证，是万物的属性。孟子也呼吁"顺天者存，逆天者亡"，还发出"不违农时，谷不可胜食也。数罟不入洿池，鱼鳖不可胜食也。斧斤以时入山林，材木不可胜用也"的忠告给梁惠王，告诉世人要遵循自然的规律去利用和保护自然资源，这样自然才会馈赠人类以取之不尽、用之不竭的资源。《易经》作为讲解天地世间万象变化的古老经典，在几千年前便提出了"天人合一"的先进观点，认为人与自然是一个互相感应的有机整体，应该要顺应自然。这些中华传统文化传达的生态价值观里面同时包含着人与自然和人与人的关系，当人和自然达成互为一体的观念，才能形成"先天下之忧而忧，后天下之乐而乐"的集体主义关怀。这也能够说明在中华传统文化中人与自然和人与人的关系是不可分割的，具有辩证统一性。我国这些珍贵的传统文化为当前所需要推崇的生态集体主义文化提供了文化借鉴，而生态集体主义的实践又为中国传统文化的复兴和复苏提供

---

❶　魏伯乐，安德斯·维杰克曼. 翻转极限：生态文明的觉醒之路 [M]. 程一恒译. 上海：同济大学出版社，2018.

现实的"行动教育"。

　　湖州市所辖的三区三县是浙江典型的中小地方城市，具有深厚的中华优秀传统文化基础，这些基础犹如人们的心底埋着一颗生态文化种子。湖州市的生活垃圾分类行动教育正像给种子灌溉，使其萌芽成长为一棵参天大树。我们以湖州市的德清县为例来阐释这一观点。德清县自古便受到儒家文化的熏陶，其儒家思想历史悠久，文化积淀丰厚。德清书院的建立和发展促进了儒家文化在德清县的传承和发扬，且据资料记载地方当局历来非常重视德清"龚雪"（夫子庙）的教育作用。2020年为了保护利用好县儒学，清溪小学征得文保部门同意，决定对县儒学建筑进行维修。儒学是中国传统文化的核心部分，即使是放在现在的社会发展里，儒学仍有很多思想值得我们继承，可以引领建立公共的道德伦理理念和个人的价值观。德清县受儒家文化影响深厚，在德清县展示馆中，我们看到很多普通百姓的感人故事，如其中有一位叫朱天荣的老人通过电视了解到电池对环境的污染很大，便自掏腰包设立奖项回收废旧电池，成为一名志愿"环保者"；如"德清嫂"行动，很多妇女不仅自己积极在家庭中引导垃圾分类，更是从女性视角走入公共空间，利用广场舞等喜闻乐见的方式宣传垃圾分类，影响更多的家庭开始分类行动。这些自发的民间行为，激发出更多德清人内心潜藏的道德力量。为此还有人自掏腰包设立"草根道德奖"，奖励践行优秀文化道德的身边人。

　　德清县是在生态集体主义文化培育中表现出优秀的"传统文化觉醒"一面的本土典型。事实上，湖州市的其他区县也一样有其文化建设特色的一面。如此，湖州市在生活垃圾分类的监管治理中才会有整体性的改变和新面貌的出现。这些由深层次的本土传统回归的改变，体现了国家倡导的"生态文明"发展观，即实现整个地球生态系统的健康，人类是自然不可或缺的一面，人类不应为了一己之便就去损害自然，不应该伤害自然在未来持续提供生命支持的能力。所以，当随处可见的"垃圾分类，从我做起"等个体行为改变的标语，和"在湖州看见美丽中国"等生态哲学观体现的标语，一起成为本地传统文化觉醒的"一体化"表征，一个由行动教育导向所带来的"共同体"氛围。这样的共同体氛围实在难得，它不会给人以虚华之感。在这样的氛围下，生活垃圾分类的集体行动才得以实现。

4.2　生活垃圾分类的教育路径

上述第 1 节我们分析了以垃圾分类的行动教育为导向，从集体主义文化到生态集体主义氛围的转变，进而激发地方传统文化的觉醒和复兴，揭示出一定的生活垃圾分类教育氛围营造背后的机理。事实上，一个良好的教育氛围既是营造的目的，也是合适的教育路径选择的结果。本节就湖州市生活垃圾分类的教育路径继续展开一定的讨论以获得相应的启发。

4.2.1　文化资本的建设路径

生态经济学家曾将资本分为自然资本和人造资本，他们认为自然资本及其衍生的商品和服务是经济发展的先决条件或基础。如果没有了自然资本的支持，人类的聪明才智是不可能创出人造资本的。但学者贝克尔和福尔克提出仅仅关注自然资本和人造资本的相互关系这两个因素是不可能实现可持续发展的，需要第三个维度，称之为文化资本。从系统的角度来看，这三种类型的资本是密切相关的，并构成了指导社会走向可持续性的基础❶。自然资本主要分为不可再生资源、可再生资源和环境服务三个部分；人造资本是指通过经济活动产生的资本或者通过人类的聪明才智和技术变革生产的

❶ Berkes F，Folke C. A systems perspective on the interrelations between natural，human-made and cultural capital[M]. Beijer International Institute of Ecological Economics，the Royal Swedish Academy of Sciences，1992.

生产资料；文化资本指的是为人类社会提供处理自然环境和积极改变自然环境的手段和适应性的因素。瑟斯比认为文化资本分为有形和无形两种形式❶。有形文化资本包括许多不同的文物，如具有文化意义的历史建筑（所谓文化遗产），以及艺术品（绘画、雕塑等）、书籍、音乐、视频和多媒体等。无形文化资本即非物质文化资本，包括思想、实践、信仰、传统和价值观，它们对群体和社区具有特殊的意义和认同价值。文化资本能够促进人们对众多社会相关问题的认识，从而促使人们在日常生活中承担起更多的亲社会责任。在亲社会的、有环境意识的行为的具体案例中，人们的意识可能是直接被激发的，例如通过阅读主要关注环境问题的书籍或观看相关电影。也可能是间接的，例如通过获取情感上的文化内容来激发个人的责任感、社会和环境的联系等，非针对性的文化内容也可能对环境反应能力产生相关的间接影响❷。

文化经济学研究普遍认为，文化是一种资产，它产生的社会价值形式是对经济价值的补充❸。赫特研究了无形文化资本的特殊性，他认为文化在塑造社区内的集体身份方面发挥着重要作用，从而巩固了有约束力的社会关系，并有助于对社会规范的执行❹。在利用文化资本促进国民垃圾分类这一块，日本就做得非常好。20世纪50年代中期，由于经济的高速增长，日本的城市生活环境出现了严重问题，大量的生产消费导致了垃圾排放量的急剧增加。当时的垃圾主要是通过填埋处理，产生了一系列环境污染问题。因为日本本身土地资源有限，加上垃圾填埋对环境产生了严重污染，日本开始建设垃圾焚烧厂。但大量的垃圾焚烧引发了日本国民抵制

❶ Throsby D. Cultural capital[J]. Journal of cultural economics，1999，23（1）：3-12.

❷ Crociata A，Agovino M，Sacco P L. Recycling waste：Does culture matter?[J]. Journal of behavioral and experimental economics，2015，55：40-47.

❸ Throsby C D. On the sustainability of cultural capital[M]. Sydney：Macquarie University，Department of Economics，2005.

❹ Hutter M. The impact of cultural economics on economic theory[J]. Journal of cultural economics，1996，20（4）：263-268.

性的"邻避"运动，日本各地反对建设垃圾焚烧厂的运动此起彼伏，造成了严重的社会问题。在这一时期，日本政府实施自上而下的垃圾管理政策，集中于垃圾末端处理，公民只是垃圾的制造者与污染的受害者，没有参与垃圾分类管理。日本政府对政策进行了改革，将由末端化处理转变为从源头出发的循环利用和减量化的垃圾处理模式，开始注重公民的力量，采取宣传教育和政策法规相结合的手段，让每一个居民参与到垃圾分类这一活动中。学者吕慧认为作为较早引进终身教育的日本会结合本国的教育渊源和现实问题来对国民进行教育，利用文化教养性终身教育来保证人们日常生活中达到精神上的高度满足❶。日本的垃圾分类体系并不简单，需要花很长一段时间才能够掌握复杂繁琐的垃圾分类。能够做到极高的参与度是因为日本对于垃圾分类的教育非常重视，且擅长生产和不断利用本国的文化资本。例如，它将"学校—家庭—社会"三者结合在一起的教育。从幼儿园开始，孩子们就要学习并逐步掌握各类垃圾的分类处理方法。在学校吃完饭之后，老师会监督指导孩子们打扫卫生和垃圾分类。家庭教育在日本的垃圾分类和环保宣传教育中同样起到了重要作用。日本公民认真学习垃圾分类知识，提高环保意识，家长以身作则从小教导孩子垃圾分类，孩子在家庭的熏陶下培养了垃圾分类意识，达到"润物细无声"的效果。在日本，社会把是否按照规定对垃圾进行分类、投放、正确使用垃圾袋等作为评判公民道德和社会责任感的重要标准。日本的垃圾焚烧厂也具有科普教育的作用，人们可以进去参观垃圾处理以及可回收物再处理生产出的新产品，让人们能够切身体会到垃圾分类的益处。且日本将每年的10月定为"再循环推进月"，每个推进月都进行广泛的普及教育活动。正是在这种浓厚的垃圾分类文化的熏陶下，日本居民才被培养出如此强的垃圾分类意识。日本的垃圾治理取得卓越的成绩，依赖的不仅仅是先进的技

---

❶ 吕慧.论日本文化教养性终身教育的形成[J].终身教育研究，2018，29（6）：57-61.

术和发达的科技，更是全国人民对于环境的敬畏、真挚的感情和高度的民众自觉性。目前，公众已经成为日本"三元"（政府、企业、公众）环境管理结构中的一员，作为最广泛、最有力的一股社会力量发挥着巨大的作用❶。

湖州市这些年在做垃圾分类工作时逐渐意识到不能只凭借人造资本，文化资本更是不可或缺的重要工具。我们在调研中发现了很多相关的生动例子。

如南浔区《垃圾分类》教育丛书出版。2021年9月29日，浙江省首套区县小学段《垃圾分类》教育丛书在湖州师范南浔附属小学发布。该丛书以学生喜闻乐见的卡通人物形象"南南蚕儿小博士"与"浔浔鱼儿智多星"贯穿全书以提高趣味性。湖州市相关的领导表示编这套书的目的是让学生了解掌握垃圾分类的知识和方法，引导孩子树立环保意识，从小就养成垃圾分类的好习惯。同时能够通过孩子带动家里的大人一起垃圾分类、保护环境。让孩子去影响家庭，做到学校、家庭、社会三方合力。

如长兴县基础教育中的生活垃圾分类教育。长兴县是湖州市较早提出"无垃圾校园"建设的县，旨在实现垃圾的源头减量和精准投放。县教育局主动承担"学校即生活，生活即教育"的使命，通知相关责任学校领导仔细研究学生特殊生活空间可能存在的垃圾问题。实践研究后发现，学校产生的垃圾主要包括易腐垃圾、废纸和饮料瓶、灰尘、口罩，因此不少幼儿园和中小学针对性地开展"光盘行动""白开水行动""小帕客行动"和"口罩无害化行动"等活动。活动成效十分显著，如"光盘行动"让在校就餐的同学经历同伴"光天化日之下的审查目光"而自觉并逐渐自豪地减少粮食浪费；"白开水行动"结合饮料健康教育，不仅节约了饮料瓶，还将添加剂等食品安全和健康的知识都融合进来；"小帕客行动"在学前教育、

❶ 武敏. 日本环境保护管理体制概况及其对我国的启示 [J]. 新乡学院学报（社会科学版），2010，24（1）：56-59.

幼儿园阶段因执行起来更简单而很受欢迎,培养了孩子节约纸张的意识,也增强了他们对于"垃圾和地球资源"关系的理解;在中小学每个班级设置了废纸回收盒,引导孩子把废纸利用起来;针对不可回收的垃圾,学校设立了有效的中间转接站,鼓励学生参与其中成为"拖拉司机";学生们还可以结合美劳课,对垃圾集中投放点进行具有学校特色的美化工作,把垃圾集中投放点变成一个垃圾分类知识的宣传站,变成学生的行为习惯养成基地和学生文明行为的展示窗口。2021年12月,长兴县实验幼儿园被《环境教育》杂志社、中国环境文化教育专家委员会评为"全国垃圾分类样板学校"。学校以"悦爱"志愿者服务队为先锋队,教师、幼儿、家长积极参与到分类队伍中,教师积极参与卫生打扫,发放"分类倡议书";孩子走出园门发放宣传单,在幼儿园开展捡落叶、垃圾等活动;家长成为助教,积极为垃圾分类的有效落实添砖加瓦。

例如,吴兴区的环保企业和周边小学,将垃圾知识讲座、趣味游戏、共绘环保"百米卷"、垃圾分类知识打卡等活动融合进社会实践中,促进了"大手牵小手,小手又推大手,垃圾分类一起走"的企业、学校、家庭三方互动,在文化资本的培育过程中树立了"垃圾分类,是我们应该做的事情"的价值观。

例如,安吉县机关事业单位提倡"以身作则"的教育方式引导垃圾源头减量,自2021年开始全面践行不再使用一次性水杯、限制食堂打包盒、推动建立用竹制品收纳筐等代替塑料购物袋,打破工作和生活的场景限制,将分类意识一以贯之,并传导相关的行为到身边的孩子和家庭,有效助推生活垃圾源头减量。据估算,至2021年底,全县已经累计减少使用一次性水杯约78万只,直接减少其他垃圾产生量近10吨。

这些文化气息浓厚的活动和一定程度的制度安排,不仅丰富了有形的文化资本产出,如书籍、音乐、绘画、视频和多媒体等,更是将"学校—家庭—社会"视为一个"共同体",整体性地培育了垃圾分类的思想、价值观和行动力。从湖州市的现实案例中,我们可以得到相应的启示：文化教育是带来变化和过程的基本路径，文化资本的建设需要以有形和无形路径并重的方式进行。在推动生活垃圾分类监管治理的进程中，需要提高文化对其环境的基本依赖性的普遍认识，加强环境保护和垃圾分类的相关文化教育，为生态文化营造一个良好的教育学习环境。

4.2.2　价值观传导的宣传路径

人们的亲环境和亲社会价值观的传导需要合适的宣传路径。注重引导居民的价值追求，让垃圾分类行为由外在驱动逐渐转向内在驱动，是湖州市对于垃圾分类和环境保护相关知识宣传的特色。学者鲁先锋认为影响居民垃圾分类的因素可以分为内在因素和外在因素两部分，内在因素指居民的心理因素，如道德约束、环保意识、环保价值观等，外在因素指政府管理手段、法律制度、教育水平等，他通过阅读分析前人的研究认为外在因素只能使得垃圾分类行为有发生的可能❶。与其持相同观点的学者孙其昂等认为法律法规等外在因素的强制和诱导与居民内在态度转化之间的链接能否达成是影响垃圾分类绩效的关键❷。他们认为垃圾分类机制是一种从内向外的"渗透"机制，应该要关注到"为什么要分类"以及"要不要分类"的个体内在态度、自我决议与价值认同、风险感知等主观问题。即居民内心的价值追求给他们的行动导向，是引发分类行为发生以及认同外在机制的内在驱动力量。学者徐林等通过调查问卷和相关数据构建模型，分析得出垃圾分类的宣传教育活动对于居民的分类行为具有正向影响，宣传教育的实施力度越强，居民垃圾分类的参与程度往往越高❸。而且居民对垃圾分类实际价值与道德价值的认同

❶ 鲁先锋. 垃圾分类管理中的外压机制与诱导机制 [J]. 城市问题，2013（1）：86-91.

❷ 孙其昂，孙旭友，张虎彪. 为何不能与何以可能：城市生活垃圾分类难以实施的"结"与"解" [J]. 中国地质大学学报，2014（11）：63-67.

❸ 徐林，凌卯亮，卢昱杰. 城市居民垃圾分类的影响因素研究 [J]. 公共管理学报，2017，14（1）：142-153，160.

程度越高、所感知到的个体控制力和舆论影响力越强，居民参与分类的程度也会越高。如图4-1所示，宣传教育一方面能够对一部分已经拥有环保意识和有道德价值的人起到正向的促进作用，另一方面又能够塑造和加强一部分无环保或环保意识淡薄的人的价值观，起到加强规范自身行为和提高对政府垃圾分类政策的感知有效性的作用，从而达到提高居民垃圾分类参与度的目的。而一部分正面价值观接受能力强的人在意识到垃圾分类的重要性时就会直接采取行动。这意味着，宣传或干预的重点应是增强居民的价值感和使命感，努力营造"全民参与"的邻里氛围，引导居民自觉、自愿地进行垃圾分类。

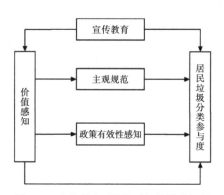

图4-1　宣传教育对价值感知的影响机制

　　湖州市2007～2016年关于生活垃圾分类发布了14份垃圾分类宣传政策文件，2017～2021年发布了41份垃圾分类宣传政策文件，显示出湖州市相关牵头政府部门垃圾分类宣传工作的重要性。进一步分析这些政策文件时发现，文件逐渐由一开始强调政府、部门、单位转向强调居民，而且在这些文件中发现垃圾分类的信息更加公开透明化，利用的宣传途径更加广泛，线上线下似乎无处不在，甚至扩展至市外到省和中央层级。据统计，至2021年11月，湖州市垃圾分类的相关工作被省级以上媒体报道1300余次。政策层面的宣传路径对社会整体价值观的塑造以及宣传动员力的培养十分重要。社会中的个体行动者往往会受到其积极层面的影响而成为一种无形的社会压力，从而内化到自身价值观的塑造过程中。

除了运用政策宣传和制定完善相应的法律法规之外，湖州市还会推广实际经验中总结出的合适宣传路径。有些路径看似不明显或非常隐性，但实际非常有效甚至是关键。如实地调研发现，将"点长制"和宣传教育功能相结合具有十分显著的价值观传导效果。"点长制"分两种，一种为属地街道在集中投放点由点长负责，在非投放时间段联合物业人员对不按要求定时定点投放的情况进行巡查、记录、反馈，并进行一定时间的在场管理；另一种为在投放时间内，对垃圾分类实施常态化管理，投放点由专人值班值守，使垃圾投放点保持干净整洁、居民分类更加精准、专管员履职更加到位的管理机制。点长制是网格化管理的衍生，"点长"只是称谓，并不是绝对的层级制。即一个垃圾投放点不止一个点长，相关工作的管理者甚至"定时定点"投放时的桶边督导员都是点长，他们只是侧重于负责某项工作而已。因此，点长事实上是一个垃圾投放点的"沟通者"，能否有效沟通决定了一个点的形象。

虽然网格化管理下的垃圾分类"点长制"是垃圾分类的良性宣传路径，但它并不是简单的人员设置和单向宣传，没有"点长们"和来往的社区居民的"软性互动"，以及在互动过程常常通过一些解释性对话或沟通来创新性地解决问题，生活垃圾分类的效率不会很高。例如，我们在湖州市实地调研时发现一些被称为"有温度"的现场垃圾分类桶边督导员，他们的共同点就是非常热心肠，不仅对丢垃圾的居民态度非常友善，还会通过"自来熟"的方式开展各种聊天，聊天中不仅传递了哪些垃圾应该归到哪一类，更是将自身的分类热情、环保价值观传递出去。湖州市对于点长的选拔是有要求的，点长应该有一定的沟通技巧和表达欲望，所以他们把目光锁定在那些有时间且爱聊天、热情待人的中老年人，尤其是女性，然后再把那些从内心赞同垃圾分类的具有环保意识的人选出来，经过相应的培训再上岗。点长制的实践效果非常显著，居民垃圾分类参与度有明显提高，经过筛选出来的点长发挥了他们的特长。他们经过一段时间的工作后就几乎能够把小区的人认齐，积极热情宣传环境保护的态度也让居民对于垃圾分类的重要性有了更加深刻的了解，这是一个有温度的知识输出和价值传递过程。从这点上看，湖州市城镇生活垃圾分类社区桶边督导员的选拔和工作方式值得推崇。桶边督导员是社区垃圾分类的价值观宣传的最后一站，也是垃圾分类行为确认的守门人。他们的身份主要是宣传者和引导者而不是服务者，我们曾经蹲点观察比较过某地一个垃圾分类效果不好的生活小区，该小区的桶边督导员大多数为中老年的男性，每次有人提着没有分类的垃圾，他只会接过来帮助分类，直接帮忙垃圾分类看似方便了小区的居民，但从长期来看这非常不利于垃圾分类的推行。因为有督导员帮忙分类，这不仅会助长居民的惰性，还会削弱居民的垃圾分类意识，让居民更加不愿意了解和参与垃圾分类。可见，一个桶边督导员的工作，主要应该起到宣传教育和引导作用，而不是起到提供服务的作用。

4.2.3　基于行动的自我效能塑造路径

垃圾分类行为最内在的激发是基于行动的自我效能塑造路径。理论上，它来自人本主义和行为主义的统合视角。关于人本主义（humanism），历史上的哲学家们和心理学家们有自己不同的理解和看法。其中马克思的人本主义思想是对过去的西方人本主义传统的批判性继承，它随着现代西方人文学思想的发展而不断地被聚焦突出、重新诠释和丰富发展❶。学者邓晓芒认为马克思的人本主义本身就是一种深刻的生态主义和自然主义，它不是片面地取消人的目的性，而是将这种目的性从外在目的性提升为内在目的

---

❶ 赵敦华.西方人本主义的传统与马克思的"以人为本"思想 [J].北京大学学报（哲学社会科学版），2004（6）: 28-32.

性 ❶。她通过分析几位代表性人物的人本主义，认为人是大自然的一部分，大自然也是人的一部分，是人们的无机身体，我们所做的保护自然的行动事实上还是在保护我们自己，我们也应该像保护自己的身体一样爱护自然。因此，人们普遍认为的人本主义强调以人为中心是失之偏颇的，它与生态主义相悖。事实上，它是在生态中心主义下的人本主义。对应于目前的生活垃圾问题，则是"解铃还须系铃人"，垃圾分类是自己的事，应从自己做起。行为主义（behaviorism）则强调行为和认知的结合，认为行为和认知是相互促进的，可以通过认知来改变行为，也可以通过行为来改变认知。垃圾分类也是如此，可以通过改变人们对自然和环境的认知来促进人们积极参与垃圾分类，然后在人们垃圾分类的过程中输送环境保护的理念来加强人们的环保意识，形成良性互动循环。而且在这个良性循环的过程中，能够极大地发挥居民作为垃圾分类主体自我调节的功能。

已有学者提出我们应该结合生态中心主义下的人本主义和行为主义来促进环境保护。我们居住地球的健康不可避免地取决于人类的行为，人类对地球所做的不良行为会使环境恶化，好的行为则会保护我们的环境。行为学家（包括实验行为分析家和应用行为分析家）通过研究公开的行为及其可观察到的环境、社会和生理的决定因素，发现相比之下，人本主义方法将侧重于与人讲道理或呼吁内疚或唤醒"社会良知。"行为主义者直接以行为为目标，试图让人们"用行动来保护环境"，人本主义直接以态度和思维策略为目标，试图让人们"用思维来保护环境" ❷。学者斯金纳肯定地说："行为主义使我们有可能更有效地实现人本主义的目标" ❸，思维和行动的结

❶ 邓晓芒 . 马克思人本主义的生态主义探源 [J]. 马克思主义与现实，2009（1）: 69-75.

❷ Geller E S. Actively caring for the environment: An integration of behaviorism and humanism[J]. Environment and behavior, 1995, 27（2）: 184-195.

❸ Heitzman G D, Skinner B F. Reflections on Behaviorism and Society[J]. Contemporary sociology, 1978, 8（5）: 775.

合能够更好地促进人们加入环境保护的行列中。

从理论分析视角出发，结合湖州实践的经验，我们认为基于行动的自我效能路径至少应包含以下两个行动要素：

1. 激发居民积极乐观的态度

行为主义者和人本主义者都相信与一个人的行为变化相关的积极态度会增加所期望的行为成为一种规范的可能性，也就是社会所接受的行动规则 ❶。积极的态度会让人更加愿意去遵循相关的规定，因为这种行为会给他一个正的反馈，然后继续重复这种行为。所以政府相关部门给予垃圾分类者积极的反馈或意外的奖励能够促使更多人自愿地进行垃圾分类。奖励的形式可分为物质奖励和精神奖励，二者需要互相结合才能发挥最大的作用。

湖州市在几年前就推出了垃圾分类积分兑换制度，来激励居民实施垃圾分类。在小区内，居民只要按照要求做好垃圾分类工作，每次分类都能够获得相应的积分，这些积分积累起来就可以去积分兑换点兑换自己想要的物品。这项机制的实施极大地调动了居民参与垃圾分类的积极性。在排队领取奖品时，居民会互相交流分类的经验和方法，积分兑换员也会认真地向居民宣传垃圾分类知识和强调垃圾分类的重要性，做好居民的思想工作。坚持了一段时间后，居民的思想发生了很大的改变，从一开始觉得垃圾分类非常麻烦，到动手参与后发现既能获得奖品又让小区的环境变干净整齐，居民们认为积分兑换奖品的方式让自己有了垃圾分类的动力，是实打实看得见的奖励。乐观的态度，能够给居民一个正的反馈，居住环境的改善让居民看到垃圾分类的效果，这能让他们感受到自己的行动是有意义、有价值的。在 2020 年，湖州市利用"互联网+"将全国首个市级垃圾分类积分平台搭建起来，把湖州市居民信息录入平台，居民可实时看见自己的积分情况，并将垃圾分类的情况整合录

---

❶ Geller E S. Applied behavior analysis and social marketing: An integration for environmental preservation[J]. Journal of social issues，1989，45（1）: 17-36.

入"湖州掌上通"App，实现积分规则统一、查询平台统一。而且可兑换的商品也变得更加丰富，市民可通过平台选择线上或线下进行积分兑换，兑换自己想要的物品。这个平台的搭建让湖州市更多的居民参与到垃圾分类之中，其效果也十分显著。

除了物质上的奖励，湖州市还把生活垃圾分类工作纳入文明单位、文明社区、文明校园、文明家庭评优评先工作中。这种评选活动的展开能够起到一个争当榜样的积极调动作用。以社区建立垃圾分类红黑榜为例，社区每个月都要举行一次垃圾分类表彰总结大会，对当月进入红榜的家庭进行表彰和颁发奖品，对上了黑榜的家庭则进行约谈，做好其思想工作。这种奖罚分明的激励政策让生活垃圾分类知识入脑入心入行，效果立竿见影。物质和精神奖励调动了居民垃圾分类的积极性，激发了居民潜在的自我效能感。

2. 建立积极的关怀模式

给积极参与垃圾分类的居民进行奖励在短期会有一定的成效，但大部分的奖励需要资金来支持，这种支持是有时间限制的。从行为主义来看，一旦这些奖励被撤销，居民的垃圾分类参与度极有可能又会回到干预前的水平。所以站在长期角度，作为促进居民垃圾分类的干预者，政府相关部门应该通过采取一些干预手段让居民建立一个对垃圾分类积极关怀的模式。学者盖勒等人定义了三类积极关怀（actively caring），由干预过程的目标——环境、人或行为决定。当人们节约或重新分配环境资源时，他们会从环境的角度积极关心（如参加汽车共享、安装淋浴流量限制器、捡拾垃圾、收集可回收物等），认为自己的行为是为了保护环境[1]。根据马斯洛的需求理论，当人们满足了自己的低级需求后，就会开始追求更高层次的自我实现需求。居民的态度意识也会逐步从"要我分"转变为"我要分"，然后到"精确分"。下面我们从两个案例来看积极关怀模式下的转变。

---

[1] Geller E S. Ten principles for achieving a total safety culture[J]. Professional safety, 1994, 39（9）: 18.

（1）案例1

一出以本地女性道德模范为原型的现代越剧大戏《德清嫂》，感动了无数德清人。为了把这股女性力量凝聚起来，德清县妇联率先在舞阳街道成立了"德清嫂"首支镇（街）支队——"舞阳大妈"服务队，之后队伍也在不断壮大。德清嫂们响应当地政府的垃圾分类号召后，组成一支环保志愿者队伍，身披玫红色马甲出现在社区里监督是否有垃圾乱分类的情况，做好居民相应的思想工作。她们还上门开展志愿服务，手把手教居民垃圾分类。德清嫂们把社区的事情看作自己的事情来做，具有责任感，其影响范围逐渐扩大，跨越了性别、年龄、行业甚至是国籍。"德清嫂"已经成为德清城市精神的一个代表。为了鼓励更多的人参与到志愿者活动中，湖州市在 2020 年发布中国首个志愿者奖励条例《湖州市志愿者激励嘉许办法（试行）》，提出对志愿者的激励，并且坚持精神激励与物质激励相结合，以精神激励为主的原则。

（2）案例2

为响应市政府环境改善的号召，湖州市多个企业率先转型升级发展，对企业的生产方式和生产产品进行改革，以减少对环境的污染和垃圾的产生。为了鼓励更多的企业进行升级以及解决企业升级后遇到的困难，湖州银行推出了百余个绿色金融产品助力企业升级发展，多种方式支持企业建设。在绿色金融的积极助推下，湖州市环境质量持续改善，生活垃圾无害化处理率位居全省前茅，达到了社会效益、环境效益和经济效益的三者统一。

4.3 垃圾分类文化倡导中的本地知识化培养

上述第 2 节我们分析了湖州市生活垃圾通过学校—家庭—社会的教育宣传让垃圾分类理念根植人们心中，转化为价值观的内动力，塑造居民的自我效能，将垃圾分类工作化被动为主动。湖州市这些文化教育的宣传有利于促进垃圾分类长效机制的形成。垃圾分类长效机制与文化机制有很大的关系。此外湖州市在垃圾分类教育时还很注重垃圾分类的本土知识化。接下来这一节我们来探索湖州的本土知识化培养有哪些值得借鉴的。

4.3.1 本土知识化机制在垃圾分类中的作用

2021年10月湖州市分类办组织召开了中心城区60个小区提升攻坚工作推进会，其中提到的一个重点工作就是要因情施策，强调各部门单位要对小区实际情况进行深入调查了解，找准问题的根源，并根据小区人群的不同特性做出相应的调整，不能"一刀切"。

本土知识是关于特定地域、特定时间、具有特定文化内涵、在特定社会结构约束条件下发生的人类实践活动的经验知识。学者边燕杰认为研究者只带着成型理念去实地考察，收集支撑已有理念的材料，不顾实际情况，忽略本土知识，是非常不可取的❶。同样，在实施某些需要变通的垃圾分类措施时，需要相关工作者沉下去实地考察，进行相应的调整。学者耿中耀等论述了本土知识与生态建设两者关系的理论逻辑，他们提出生态建设应该与本土知识相结合，文化不仅要适应所处的自然与生态系统，还要适应于所处的社会背景的变革，不能直接把别的地方治理经验照搬过来，使用"一刀切"式的工作思路进行生态治理❷。我们认为本土知识化机制放在垃圾分类里面是同样适用的。垃圾分类是事关千家万户的难题，与居住在地球上的我们息息相关。但每个地方所处的地理位置、生态环境以及当地的风俗习惯不同，因此垃圾分类的推行以及垃圾的处理方式需要因地制宜，结合本土知识才能使得垃圾分类效果最大化。湖州市这些年来也一直在垃圾分类工作实践中不断摸索，找出最适合当地的教育方式和制定相关的政策制度。

❶ 边燕杰 . 论社会学本土知识的国际概念化 [J]. 社会学研究，2017，（5）: 1-14，242.
❷ 耿中耀，罗康智 . 本土知识与生态建设研究述评 [J]. 原生态民族文化学刊，2017，（1）: 23-36.

如自 2021 年以来，德清县坚持绿色发展理念，根据本县的资源特色和发展特色，聚焦民生导向，把握垃圾源头分类关键突破口，以经济赋能垃圾分类正向激励，突破单一传统的以政府为主导的激励方式，通过经济手段"多路径"给予正向激励引导，推动垃圾分类绿色生活习惯在德清县的生动实践。金融"活水"的注入，充分激发起乡村振兴、小微经济及地方特色产业等的"活力"，形成了垃圾分类"绿色贷"、民宿经济绿色发展等垃圾分类正向激励体系，惠及 480 余家村户及个体工商户，优惠放贷额超 1 亿元，并为当地民宿产业带来远超核定数目的经济价值，刺激该县居民垃圾分类积极性与分类精准率不断提升。目前全县垃圾分类知晓率、参与率均达 100%，精准投放率超 85%。

如长兴县对属地的乡镇街道都要进行相应的考核，通过考核的手段来推进工作。有些县区会遇到定时定点的选址问题，长兴县则结合本县的特点建立了红色物业，派党建指导员指导社区，解决小区治理的难题，有许多突破。小区治理是一个大方面，垃圾分类是其中之一，长兴县集合社区、街道、业委会、物业公司几方在一起选址确定，最大程度去实现人性化管理。建好点之后就会安排好小区里的党员，去做好居民的思想教育工作，构建一个居民与社区管理者的沟通平台。这种具有特色的"双联系双报到"制度，让红色物业发挥了很大的作用，这也是社区治理很重要的一部分。

4.3.2 文化机制形成长效机制

垃圾分类理念已经通过发布政策和媒体宣传在中国大部分地区传播出去了，并且也建立了垃圾分类先行城市和示范小区，湖州市就是其中的一个，但在推行垃圾分类工作时仍然存在各种问题。首先，我们要明白垃圾分类处理是一个系统、长期的工程，很多城市之所以会发生垃圾分类推行困难，或者前期见效、后期又返回原来的状态，很大一部分原因就是垃圾分类机制出现了问题。因为很多地方的机制只看到了眼前的问题，没有从长远的角度去审视。当一些计划实施后，一些类似于邻避效应的问题就会陆陆续续暴露出来，我们需要建立一套长效机制。学者王宁认为"社会—文化"机制能够对短期主义和局部主义的经济行为和政策进行有效约束，因为短期主义行为和政策往往难于确保经济增长的长期可持续性，注重短期和局部效应的经济行为和政策，往往在特定的周期内见效，却未必能够持久❶。垃圾分类机制一样需要"社会—文化"机制去促使垃圾分类行为和政策注重长期效应和整体效果，利用文化机制去调节垃圾分类行为和政策，使其短期化和局部化能够及时转换为长期化和整体化，从而达到当地的垃圾分类机制变成长效机制的目标。据我们调查访谈湖州市相关管理人员，他们也正在努力采取措施去让垃圾分类工作管理向长效管理转变。

学者魏则胜等认为文化因素是以文化模式的方式形成文化合力，进而影响人的道德品质的形成，这就是道德教育的文化机制，文化也因此而成为道德教育的责任主体❷。目前我国垃圾分类行为的主体主要分为政府、企业、组织和公众四大类。我们需要应用垃圾分类文化引导相关主体在垃圾分类中形成科学、规范并长期固化的行为习惯。垃圾分类文化主要包括与垃圾分类相关的法律法规、规章制度、分类知识、环保价值观等。学者王坤岩认为构建一套长效机制应该要明确垃圾分类主体的责任，并协调相关主体的联动借以实现垃圾处理公共效益最大化目标❸。政府的责任是完善制度环境、发挥示范作用和宣传教育。企业的责任是践行国家的绿色发展理念，积极参与到垃圾分类的相关环节。相关组织的责任是加强教育宣传，引领环保意识，提供重要资金资助。公众作为垃圾分类最广泛的参与者，是垃圾分类工作推行的最关键的一个主体，公众的责任是绿色消费、循环利用、垃圾分类。政府的积极行为对于企业、组织和

❶　王宁. 经济增长模式转型：一个文化机制的分析 [J]. 兰州大学学报（社会科学版），2020，48（1）：1-9.

❷　魏则胜，李萍. 道德教育的文化机制 [J]. 教育研究，2007，329（6）：13-19.

❸　王坤岩. 建立和完善垃圾分类长效机制 [J]. 中国国情国力，2019（7）：45-46.

公众的积极行为都具有正导向作用，同时企业和组织的积极行为对于公众的积极行为具有正导向作用。垃圾分类机制能否成为长效机制的关键在于公众能否树立正确的牢固的垃圾分类思想。有学者通过研究分析提出人们垃圾分类意愿与行为存在较大的差异，较高的分类意愿并不必然会产生较高的分类行为，所以需要结合社会多方力量共同促进垃圾分类行为习惯的形成和维持❶。

正如本章前面两小节所提到的，湖州在垃圾分类文化氛围方面构建较好。为推进垃圾分类工作成为长效管理，政府应该建立完善的垃圾分类法律法规体系，这是推动我国垃圾分类工作有序进行的基础保障。像日本、韩国等垃圾分类做得比较好的国家，其垃圾分类的法律法规都较为完善，同时法律法规的颁布也能够给公民传达国家对于垃圾分类重视的信息。湖州市这些年根据国家的要求和本市的实际情况不断完善垃圾分类法律法规体系。在 2021 年 4 月，长兴县正式发布《城镇住宅小区生活垃圾分类"四定"建设与管理规范》，成为全国首个城镇住宅小区生活垃圾分类"四定"地方标准，为县域城镇生活垃圾分类工作提供了翔实可操作的技术要求，制度的完善能够更好地规范居民的行为。此外，政府部门本身作为垃圾分类的一个主体，应该要做好带头示范教育作用。政府部门也应该严格遵守制度，推进垃圾分类活动的开展，减少不必要的聚餐和活动，带头从源头减少垃圾的产生，走到民间去亲身示范，能够作为一个标杆引领社会的行为。政府对于人们的垃圾分类教育宣传也很重要，将垃圾分类化为人们内心遵循的价值约束。如长兴县全面实行机关党员"双联系双报到"机制，严格落实了村社干部"五个一"，尤其是"每天劳动一小时"要求，通过党员干部带头，引领带动广大群众自觉抓好卫生保洁、垃圾分类等工作，营造形成人人讲卫生、人人护环境的浓厚氛围。加强垃圾分类教育指导方面，虽然目前我国

---

❶ 陈绍军，李如春，马永斌. 意愿与行为的悖离：城市居民生活垃圾分类机制研究 [J]. 中国人口·资源环境，2015，25（9）：168-176.

对于垃圾分类的教育宣传并不少，但仍缺乏一套完善的教育引导体系。应该将垃圾分类知识引入学校课堂教育，还要善于借助网络和相关组织的力量向公众普及垃圾分类知识，在全社会营造积极的垃圾分类舆论环境。如湖州市一些学校将垃圾分类教育引入校园。我们通过访谈了解到学校管理者认为垃圾分类工作主要有两个方面的核心要素：（1）垃圾分类工作最终的目的是需要实现垃圾的源头减量；（2）在这个基础之上对垃圾进行精准投放。为了减少厨余垃圾，提倡和鼓励学生们参与光盘行动；为了学生的健康和减少塑料瓶的产生，开展白开水行动。为打造校园的一种另类的美丽风景，长兴县第二中学把垃圾集中投放点进行美化，先变成一个垃圾分类知识的宣传站，然后慢慢转化为学生的行为习惯养成基地，最后成为学生文明行为的展示窗口。

4.3.3　垃圾分类的社区倡导

随着我国的经济发展，社区逐渐变成国家与市场等途径之外的化解各种社会问题与矛盾的重要场所。近些年，党和国家开始重视起社区治理和社区的功能，不断在实践中摸索经验，通过对社区治理模式进行改革创新来更好地服务人民。党的十九大报告强调指出，要加强社区治理体系建设，推动社会治理重心向基层下移。现阶段，我国社区治理模式是党建引领社区治理和服务，形成有别于西方的具有中国特色的社区治理格局。由党组织作为社区的领头人，以问题为导向带领社区居民把社区工作做好。社区在信息传递、促进激励、加强回应性、促进政府与市民互动、加强公共服务供给等方面起着非常重要的作用，以社区为单位治理有利于在管理中进行服务、在服务中进行管理❶。城市生活垃圾分类治理的好坏与社区管理有很大的联系，作为生活垃圾的治理源头，

❶　张秀兰，徐晓新 . 社区：微观组织建设与社会管理——后单位制时代的社会政策视角 [J]. 清华大学学报 (哲学社会科学版)，2012，(1)：30-38，159.

社区理所应当成为城市垃圾分类治理问题的场域，而城市垃圾分类问题又是撬动社区善治的重要支点❶。然而由于快速的城镇化和商品房化，我国现代社区中普遍缺少合作的社会文化基因，基层治理领域社会协同困难，且社区居民缺乏社区归属感，参与社区管理度不高，社区共同体特别是城市社区共同体趋于消亡❷，即社会资本的减退，影响诸如生活垃圾分类等集体行动的达成。社会资本是指社会生活中影响集体行为的各种因素，它们使参与者能够更有效地共同行动，积极地追求共同的目标❸。对于垃圾分类这种要求居民参与度高的社区治理而言，需要更为深厚的社会资本。

社区倡导可以发挥出社区作为政府和居民链接的优势，通过采取多种宣传教育的手段并联结多方力量去推动居民的参与，在行动中增强居民的社区归属感，是积累或重建社会资本的关键。学者罗伯特提出倡导是社会工作者的一种身份和责任，社会工作的使命就是将个人的关注与个人周围的社会环境联系起来❹，共同参与到社会环境治理当中，这十分契合我国以党建引领的社区治理的特色。湖州市的社区在开展垃圾分类工作时就善用党员力量去积累社会资本，组织党员干部下沉到社区，让其带头参与到垃圾分类的通知公告、知识宣传、投放辅导、巡检监督等各个环节，带领广大居民积极参与，在上门入户、"面对面"沟通交流中取得居民的信任和认可，有利于垃圾分类工作的推动，一线服务为推进垃圾分类工作发挥了"红色引领"的重要作用。社区还充分依托"红色物业"成果，运用社区、物业、业委会"三位一体"的"红色合力"，广泛发动物业、业委会及居民

❶ 刘建军，李小雨. 城市的风度：城市生活垃圾分类治理与社区善治——以上海市爱建居民区为例 [J]. 河南社会科学，2019，27（1）：94-102.

❷ 陈友华，夏梦凡. 社区治理现代化：概念、问题与路径选择 [J]. 学习与探索，2020（6）：36-44.

❸ Putnam R D. Tuning in, tuning out: The strange disappearance of social capital in America[J]. PS: Political science & politics，1995，28（4）：664-683.

❹ 罗伯特·施耐德，洛丽·莱斯特. 社会工作倡导：一个新的行动框架 [M]. 韩晓燕，柴定红，等，译. 上海：上海人民出版社，2011.

中的党员力量，使其成为"撤桶并点"、入户宣传、桶边指导的主力军，营造了党员带头、居民参与的良好工作氛围。同时社区工作者还会听取多方面的声音，当好居民代言人，鼓励居民及时发现问题、积极协商议事，使居民成为社区治理的参与者、宣传者、维护者和监督者，这有利于降低居民"弱参与"，提高了社区治理的效率。在推行垃圾分类工作时，社区工作者与居民的各种互动本质上就是在积累社区社会资本。社区社会资本丰富后，才能将垃圾分类意识进行有效传播，实现居民由"强制参加"到"日常自觉"的改变。

通过社区工作者的倡导工作，居民在一系列的影响下采取了积极的行动，这是生活垃圾社区倡导的理想作用路径。总结湖州市社区的生活垃圾分类经验，我们发现社区社会资本对社区的倡导呈正相关作用，同时倡导策略的选择也会影响社会资本的积累。如图4-2所示，倡导策略的选择是社区倡导工作的核心。一方面，采用合适的宣传策略可以引导居民形成相应的价值理念，推动居民形成意识层面的自觉，其价值理念的形成也是社区社会资本的增加。有了意识层面的自觉，社区居民会配合社区倡导工作，采取积极行动去参与到社区治理当中，使得相关机构支持如观点、标准、信息、资源等能够真正融入到服务引导中；另一方面，倡导策略的选择会影响社会政策的制定，为社区倡导工作提供政策层面的法定性保障。

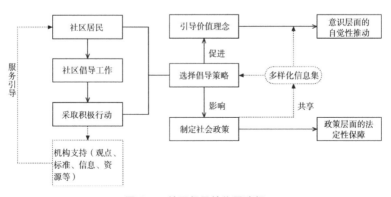

图4-2　社区倡导的作用路径

第5章

湖州市城镇生活垃圾分类的智慧监管

2019年10月,中共浙江省委办公厅、省人民政府办公厅印发《关于高水平推进生活垃圾治理工作的意见》,要求加强源头减量,全省生活垃圾总量基本实现零增长;加强生活垃圾处理设施建设,实现全省生活垃圾零填埋;完善垃圾处理设施日常监督机制,运用数字化手段,建立健全垃圾分类信息监管平台。事实上,湖州市城镇生活垃圾分类的智慧监管早几年已经开始实践,是浙江省走在前列的地区。再加上湖州市对于前述几章所分析的特色机制的实践,湖州市以"系统智理、共治共管"的创新理念,开创了生活垃圾分类设施全覆盖、精准管理、全流程接入、多元共治的分类智慧监管模式。下面我们将从湖州市生活垃圾分类的智慧监管现状出发,来理解目前湖州市城镇生活垃圾分类的智慧监管系统背后的管理和技术相结合的逻辑,并结合一定的理论视角从机制设计和系统设计的角度总结出目前湖州市正在完善和改进的智慧监管系统应然模样。

5.1 湖州市生活垃圾分类智慧监管现状及管理机制

为了弥补常规社会治理过程中的一些漏洞,并进一步提升生活垃圾分类监管治理的有效性,湖州市引入了智慧监管的模式,在不同的县区因地制宜地探索如何以智能化手段推动生活垃圾分类处理工作常态化、长效化和规范化。目前,生活垃圾分类的智慧监管在湖州各县区的实践现状如下。

5.1.1 湖州市本级生活垃圾分类智慧监管的实践

1. 以精细化管理促垃圾分类的具体实施

湖州市本级于2018年底开始以"南园模式"的精细化垃圾分类监管治理工作,经过两年多的摸索,认为垃圾分类的智慧监管首先要实现精细化管理。2020年,湖州市全面开启"4+3+N"垃圾分类体系。在此基础上，构建全流程监管中心、市民服务中心、政府管理中心、设施资源中心这四个监管治理中心，以实现垃圾分类的精细化管理。

2. 用信息化手段实现垃圾分类的全局化统管

湖州市本级在切实推动垃圾分类具体实施的基础上，进一步用信息化手段进行统管。首先，推出"湖垃圈"小程序，实现"政企民三方联动"。其次，利用智能柜、称重设备、AI 智能硬件等先进的物联设备，积极探索区块链技术应用，形成具有可推广性的垃圾分类溯源体系和抓拍体系。同时与浙江省垃圾分类平台、湖州城市数字大脑等平台融合打通，将"一网统管"的"智治力"持续融入城市治理，实现数据共享、上传下达、联动协作。

3. 通过可视化强化垃圾分类监管

可视化监管是将垃圾分类实施的相关工作及效果及时呈现和反馈。湖州市本级通过联合执法、街道、数字惠民等多部门打造综合监管、精准分类、物联监管、智慧预警及考核评价五张图，实现分类体系整体可视化监管，开创多业务协调治理局面。推动了"VR+720°旋转 + 虚拟技术"应用，推出"云监管"模式，做到足不出户，一屏掌握湖州市垃圾分类，实现了非现场 24 小时监管，精准捕捉各条线异常数据及实时动态。

5.1.2　南浔区生活垃圾分类智慧监管的现状

1. 搭建城市数字大脑平台

用物联感知、视频感应、空间定位、数据分析等信息技术，依托动态监管将垃圾分类前端投放、中端收运、末端处置各环节串联起来，实现对全区 11 个乡镇 200 余个小区、11 万余户住户、300 余个投放点、3 个中转站、70 余辆垃圾收运车辆全流程管理。运用大数据、云计算、物联网等技术初步搭建了涵盖称重记录、车辆定位、视频监控、智能反馈、数据分析于一体的智慧化监管云平台，实现垃圾分类可视化、可分析、可追溯，为垃圾分类管理提供数据支撑。同时，接轨了市本级的垃圾分类各项标准，对前期垃圾分类积分兑换工作进行了摸排，以统一不同运营公司规章制度下居民积分标准，形成数字化账单，方便居民积分兑换，提升居民主动参与垃圾分类积极性。

2. 实践投放管理程序智能化

运用本地企业自主研发生产的智能督导"小睿机器人"，创新无人督导模式，实现 24 小时视频监管。此举释放了大量现场督导和保洁巡检工作，减少了 2/3 以上的人工运营成本。以"1 个平台+N 个智慧站点"的数字智能监控为抓手，通过智能语音提醒、AI 识别异常状态、自助抓拍及信息推送，实现定向精准治理的闭环应用，可以"智能"地抓拍到乱投放行为，并将照片提供给镇域管理中心，由中心派出执法人员纠正乱投放行为。同时，引进中日合资开发的易腐垃圾就地处理设备，24 小时高效降解易腐垃圾，就地转化有机肥料，降解率达到 90% 以上，实现了就地易腐处理、就地产出肥料、就地养护施肥的科学环保模式。

3. 将数字化技术渗透到宣传教育阵地

南浔区建成了全市首座垃圾分类水晶展馆，融入"AR"体感、环幕生态骑行、机器人分类互动、易腐垃圾就地处理展示等新鲜元素，以科技引领分类的理念，寓教于乐，吸引全区市民、中小学生前来参观、体验和培训，成为持续提高南浔区垃圾分类知晓率、参与率和准确率的宣传教育阵地。在阵地建设的基础上，南浔区进一步突出数字化渗透主体，以校园、工地、小区为主体，在重兆小学、浔溪中学等 17 所学校开设分类拓展性数字化课程，影响到南浔区小学段 2.7 万余名学生。同时，举办了群众喜闻乐见的大型主题活动，拍摄了专题纪录片，以数字化为优势助力垃圾分类的良好社会氛围营造。

4. 将驿站作为数字监管的核心节点

南浔镇、练市镇中的 70 个小区以驿站数字监督为依托，建成了 17 个省级高标准生活垃圾分类示范小区；全区以"五色工地"绿色施工管理为基准，突出"扬尘治理、垃圾分类"两大环节，评选出 7 个绿色工地，7 个区文明标化工地，获得 3 个浙江省建设工程钱江杯奖（优质工程）。

5.1.3　德清县生活垃圾分类智慧监管的现状

1. 基于全垃圾生命周期的协同一致化监管路径

"一把扫帚扫到底"模式是德清县垃圾分类一体化的监管路径。以此贯彻落实"统一保洁、统一收集、统一清运、统一处理"的"四统一"原则，建立起一支 2800 余人的县域规模专业保洁队伍，建设覆盖 13 个镇街、具备统一标准的收集点 224 个，有效形成了全县垃圾清运的常态长效工作机制。

2. 基于"智慧监管"一体化的本地监管制度

德清县先后制定了《德清县智慧城管建设三年行动计划（2018—2020 年）》《关于进一步加强城乡环境长效管理工作的通知》等文件，将垃圾分类智能监管作为"智慧城管""一个平台，七大应用"18 项建设任务中的一项重要项目推行实施，为全域铺开打实了制度基础。

3. 基于"协作监管"机制的智慧监管执行体系

各镇、街道全面完成了 224 个生活垃圾收集点监控装配、调试工作，在硬件配备上具有一定的统一性。在此基础上，同步接入"智慧城管"平台，打通数据链接通道，打破"数据壁垒"，实现 24 小时收集点视频监控数据动态上传，实时到位，监管人员可通过"移动端""云"掌握收集点垃圾桶满溢、污水横流、乱倒、偷倒等情况。发现情况后，通过各负责部门的创新协作监管机制及时对问题进行解决，充分凸显了"智慧 +"监管的高效和实效。

4. 基于"数字赋能"的城乡环卫一体化建设

一是平台融合巡查更高效。整合"数字乡村一张图""垃圾分类智能监管平台""智慧工地"平台、水环境管理"一张图""智慧城管"等数字监督平台，实现房前屋后、田间地头、公园广场、建筑工地、河道沟渠等领域数据实时共享，真正实现 24 小时全方位、高效率、无盲区数字巡查监管。

二是智用遥感排摸更彻底。借助"德清·居"平台高频次、高精度、高分辨率的遥感影像，运用智能识别手段，对全县工地工棚、主要干道、行政村、城乡接合部、老旧社区、背街小巷等点位进行全要素拍摄，并全面铺开人工定位巡查，通过向平台实时更新上传巡逻轨迹、巡查点位、问题类型等，清单式排查各类环境卫生问题，形成一套主体责任明确、限期整改销号的问题清单册。遥感排摸定位准确率达100%，摸排效率较纯人工作业提高300%。

三是动态跟踪督办更有力。搭建"网格化"管理信息系统，配齐千余名巡查员信息采集终端，开展常态化巡查、日记式记录、销号式整改，形成问题"发现—反馈—整改—复查—销号"的全链条闭环管理体系，实现县镇村三级信息实时反馈和数据共享。打造"信息采集实时上传、问题点位及时交办、整改反馈快速落实"的全流程智治管理模式，准确掌握每个问题处置进度，实现动态跟踪。动态跟踪整改销号率达98.2%。

5.1.4 长兴县生活垃圾分类智慧监管的现状

1. 以精准管理促进数字治理的效能

长兴县以精准管理为目标搭建了垃圾分类的智慧监管平台。平台包括监控大屏幕、调度中心、数据中心和移动监控端。车载称重系统包括GPS定位和高清摄像头等设备，设置前端投放、中端收运、末端处置、检查考核等功能模块，实现对258个小区、17座中转站、53辆收运车辆、6个末端处置厂的全过程监管。按照"用数据说话、用数据管理"的思路，围绕"四分三化"的业务核心，将"四率"、街道和社区综合考核排名情况、可回收物回收量统计、收运处置变化曲线等分类实效指标和监管指标等记录在后台终端，实时显示，实现"一屏知全县"。按照"集约建设、共享利用"的建设思路，为各乡镇（街道、园区）、社区分配使用账号，各乡镇（街道、园区）、社区有了自己的"指挥中心"，使问题"在平台精准发现，在社区靶向解决"。

2. 以闭环管理提高溯源监管效率

依托二维码垃圾分类投放溯源管理平台，利用垃圾袋上可溯源的特制二维码为标识精准绑定家庭信息。各专管员扫码巡检全覆盖，街道、居委会在线监督居民的垃圾投放情况，精准掌握每户投放细节，巡检结果（评分、照片等）上传至溯源管理平台，实时更新。同时以短信形式反馈至居民家庭，提高了管理效率，实现"前端有投放，后台可溯源"。通过溯源管理系统，对二次分类不准确的居民进行上门辅导；对三次及以上分类不准确的居民，由街道综合执法部门上门执法。

3. 以智治管理推动全程数据的整合

通过大数据的模块化处理，将中端收运和末端处置环节数据纳入平台，打通分类管理全链条。利用车载系统，重点监管收运车辆，解决计量缺失的问题，倒逼垃圾产生单位源头减量；利用定位系统，全面掌握收运车辆运行轨迹，便于及时调度。将17座垃圾中转站视频监控系统接入平台，实现对混装混运的监管。在末端处置环节，将新城环保垃圾焚烧发电厂、金耀易腐垃圾处置厂、大件垃圾处置中心、园林垃圾处置中心、两个分拣中心处置数据接入平台，实现对末端处置厂的情况全掌握，确保各类垃圾得到针对性处置，实现从垃圾投放到处置的全程监管。在此基础上，通过"高清摄像头实时监控＋清运实时定位＋扫码溯源打分"等方式，对垃圾分类全程监管，实现垃圾分类处理全程智能化、监管精细化；同时，监管平台设有数据分析模块，按照乡镇（街道）、社区、小区层层细化，实现街道、社区、小区垃圾分类精准管理。

5.1.5 安吉县生活垃圾分类智慧监管的现状

1. 通过数字化赋能实现可视化监管

政府对现有基础设施台账实现了数字化管理，方便政府部门了解设施的基本情况，做到心中有数。同时，还实现了车辆视频监管、GPS 轨迹可视化管理，车辆保洁可视化监管。监管人员能够了解每辆作业车辆实时及历史作业情况，方便排班及调度，并且对垃圾收运完成情况自动汇总，未收集预警管理。在处置终端方面，通过对垃圾转运站监控可视化管理（监控出入口、压缩机关键点位），车辆超载及时报警，手机 App 可直接查看详情。工作人员采集终端工况并监控，实现垃圾计量数据可视化监管。还加强了对垃圾填埋场区域车辆的管控，防止工业垃圾、危险废弃物等进入场区。环卫在 2021 年新增了一套垃圾填埋场进场道闸，并建立进出场黑白名单，实现了车辆自动识别、记录、放行及全天视频监控功能。

2. 通过平台建设及功能划分实现易腐垃圾的全流程监管

政府主要围绕垃圾四分类来做垃圾分类平台建设及功能划分。其中重点建设的易腐垃圾收运监管模块，已实现了微信小程序预约收运、车载调度屏实时调度收运、车载 GPS 收运轨迹监管、车载摄像头收运防抛洒滴漏、末端处置场地磅及厂区工况接入等功能。政府借助于平台的智能监管从而实现了易腐垃圾从源头到末端的全流程监管。通过采取小程序预约上门回收的形式，极大方便了餐饮企业及单位实现每日的易腐垃圾及时清运。此外，车载调度屏上的收运导航可以让驾驶员实时了解当前收运进度及临时收运调度通知，方便其收运。同时车载 GPS 和视频监控可以让监管人员及时了解收运车辆的收运情况及收运进度，做出工作安排。

3. 通过智治实现对建筑装修垃圾全链条监管

通过智能化打造建筑装修垃圾的集置点管理、预约收运管理、收运智能规划、收运过程监管、装修垃圾收运记录、装修垃圾处置监管等多种功能，实现对建筑装修垃圾的全链条监管。同时打造居民端小程序，能够让居民在网上便捷预约，工作人员会根据收集量预估服务费用，生成电子合同及发票，进行网上签约及收费，然后派专人进行上门处理建筑装修垃圾。

4.通过垃圾溯源实现责任清晰化

建立智慧监管平台，系统地对垃圾分类源头数据进行全量化采集和处理，且完成了针对前端分类投放监管功能的优化升级。对主次干道有序开展撤桶工作，对已撤桶道路的沿街商铺上门收集各类垃圾，各个店铺设置专有二维码，记录所收集垃圾的各项数据（商铺名称、收集时间、收集量、分类成效等），实现垃圾有来源，责任清晰化。

从以上现状可见，目前湖州市各区县均已建成各自的智慧监管平台，不同程度上实现了智能闭环管理，通过县（区）时空信息平台地理信息图、智慧管理平台，实现生活垃圾分类相关信息各方共享、对其实现有效监管。县（区）生活垃圾分类智慧监管平台能够对区域内各小区、中转站、收运车辆、末端处理厂的垃圾分类全链条实现科学化、流水线化管理，做到溯源到户、管理到户，通过平台知悉区域内具体情况并进行精细化的管理。

5.2 湖州市生活垃圾分类智慧监管的管理机制分析

湖州市各区县建立的各具特色的智慧监管系统主要是通过各级部门的协调配合，充分发挥大数据分析、科技职能等在垃圾分类领域的关键作用，推动生活垃圾分类规范化、精准化治理。其中主要的着力点和工作是建立各自的垃圾分类智慧监管平台，通过基础信息、前端投放、中端收运、末端处理等功能板块数据的收集，同时通过扫码溯源、定时定位、智能称重等措施的执行，再将各类与生活垃圾分类相关的数据纳入平台系统进行统一的监管治理。

5.2.1 湖州市生活垃圾分类智慧监管机制形成的过程

智慧监管为湖州市垃圾治理注入了创新活力，探索了政府公共事业管理的全新模式，为进一步提升监管治理能力提供了宝贵的经验。但湖州市的智慧监管本身也经历了若干个阶段，从最初的试点实践辐射到全社会的共同参与。我们继续以"过程—结构"视角从湖州市中心城区后进小区的生活垃圾分类出发，通过案例分析湖州市如何利用数字化治理，推进垃圾分类工作的展开，提高治理监管工作的质量，为下文的机制特点总结提供一定的基础。

目前湖州市的垃圾数字治理以驿站为核心节点，运用本地企业自主研发生产的智能督导"小睿机器人"，创新无人督导模式，实现 24 小时视频监管。根据调研，截至 2021 年 10 月，湖州市中心城区的 60 个后进小区中，拥有 3 个以内垃圾驿站的小区占 70% 以上，且大多为规模较小的小区；有 9 个小区的驿站平均服务户数超过 300 户，占比 15%。这 60 个小区普遍存在驿站垃圾包落地、非投放时段摆放临时桶和垃圾包乱扔这 3 类典型问题（见图 5-1），也就是未定点、未定时投放，这些现象不仅对环境造成影响，而且未精准分类人群也主要集中在这里。

图 5-1 垃圾驿站的三类典型问题

为了解决上述三类典型问题，完成生活垃圾分类的提质攻坚工作，湖州市政府利用数字化治理就以下四方面展开了工作。

1. 定时投放时段的合理选择

根据调研发现，垃圾包落地、误时投放等问题的产生很大程度归咎于投放时段的不合理设置。如图 5-2 所示，小区误时投放与垃圾落地行为在时间分布规律上很接近。投放时段的选择既要考虑不同小区的自身情况，也要考虑季节性的变化，如果按照统一规定，无法做到灵活调整，会影响居民参与垃圾分类的积极性。数字化治理很好地克服了传统僵硬的规则设定，为这些小区的分类投放提供了新的思路。

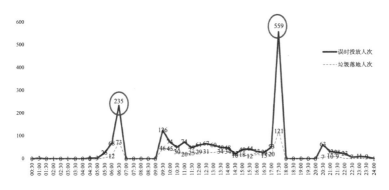

图 5-2　误时投放与垃圾落地时间分布规律

2020 年十一假期，通过小睿数字化分析发现，假期误时投放率较平日增幅达 36%，误时投放主要集中在 10：00 ~ 13：00。2021 年 9 月，南浔区分类办结合小睿分析数据，提前通知各镇（街道）在十一期间开放中午投放时段，时间根据实际需求灵活设置。调整后，误时投放率较去年的 23.1% 下降至 9.8%，降幅达 57.6%，居民满意度明显提升。问题具有普遍性，小睿根据环比数据，为管理单位提供节假日工作安排的建议参考。

以西湖漾小区为例，为提升便民服务，社区决定对投放时段进行优化调整，原计划增加中午投放时间。小睿入驻后，通过数字化分析发现，误时投放违规高峰发生在 6：00 ~ 6：30、17：00 ~ 17：30。随即小区根据分析数据优化了投放时段。四周后数据显示，如图 5-3 所示，误时投放率由 17.73% 降低至 13.02%，误时投放率降幅 26.57%。

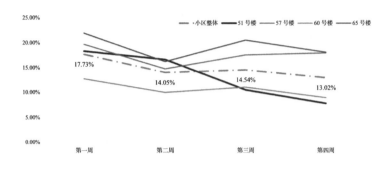

图 5-3　误时投放率变化情况

2. 执法进小区的高效推进

推进生活垃圾的强制分类，必须要强调执法在治理过程中的重要性。在针对这 60 个小区的治理实践中，主要有两方面的执法要求，一是小区生活垃圾分类违规投放执法，二是小区投放驿站垃圾包落地监管处置。

在违规投放执法中，政府利用"数字赋能"，建立了双向高效协作流程，提升违规投放行为的发现率、劝导率和处置率。南浔区垃圾分类管理单位通过小睿数字化监管的智能违规抓拍、上报典型违规案件（即违规多次的或者 1 次投放大量垃圾的）至执法中队进行非现场执法。另一方面，区分类办根据区平台违规行为报警信息，查看多次发生违规行为的记录，联系执法中队办理，执法中队同社区、物业上门教育处罚。在 2021 年 6～8 月集中执法期，通过小睿数字化监管平台获取违规投放有效信息共 4.2 万条，驿站数字屏违规曝光量超 1.1 万条，社区及物业上门劝导率 60%，非现场执法量近 600 件。

在垃圾包落地执法中，政府打造了垃圾包落地半小时处置圈（见图 5-4）。通过线上智能识别派单、线下联动处理反馈，同时分类办对处置流程进行全程监管，打造垃圾落地包半小时处置圈。系统将定期自动统计出各小区垃圾包落地半小时处理率，对管理单位进行考核。

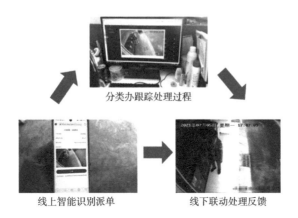

分类办跟踪处理过程

线上智能识别派单　　　　　　线下联动处理反馈

图 5-4　垃圾包落地半小时处置圈

3. 数字化赋能管理效能的提升

对于物业公司和运营公司而言，分类的展开要求其全面精准了解小区各驿站投放情况。以金色地中海小区为例，小区共四期，涵盖多层、高层和联排别墅，共有 8 个投放驿站，不同驿站的投放人次对比如图 5-5 所示。可以看出各驿站的投放人次差异较大。其中，前三高的驿站投放人次占总投放人次的 60%，前三低的驿站投放人次占总投放人次的 16.6%。物业根据分析数据，在高峰时段对日均投放量 > 180 的点位增派人手，对日均投放量 < 50 的点位后续考虑实行 1 人多点、轮岗管理。小区 8 个投放驿站，整体误时投放占比 15.7%，垃圾包落地投放占比 10.5%；有三个驿站的误时投放情况最突出，占总误时投放的 71%，而这三个驿站也是投放人次最高的三个点位，现场环境最严峻。物业和社区基于分析数据，在误时投放高峰和严重点位不定期进行现场巡查。

对于街道、镇分类办而言，数字化治理提升监管、督查和处置效率。以往监管流程中，分类办巡查人员至现场发现问题、上报问题到中心、中心派单、各运营商接单、派人去现场处置、再结案，一天最多处置 20 ~ 30 个小区。而在当前监管流程中，通过小睿机器人自主视察、智能派单、自动生成处理时效,对第三方进行全流程线上监管、与考核挂钩,一天就可以全小区巡查多次,大大提高了巡查和处置效率。

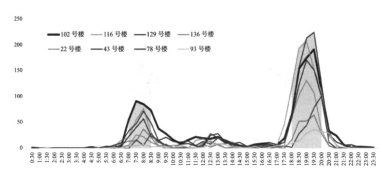

图 5-5 不同驿站投放人次对比

4. 数字化评价考核的变革促实效

传统的中心城区小区督察考核存在一定的随机性、主观性、时间和空间的局限性,造成了监管不全面、考核不准确和指标欠缺实效等问题。对此,智慧监管提出了四维数字化评价体系,建立了科学评价机制以及标准化协作流程。其中,"四维"指标包括居民日均参与度,用于分析识别小区定点投放参与程度;投放误时率、垃圾包落地率,用于科学判定小区定时投放参与程度;垃圾包落地半小时处理率,用于准确评价各小区物业现场管理效能;违规曝光公示量,用于呈现各驿站基层数字化治理力度。从"四维"考核体系出发,对各个投放驿站做出评价,以此对管理单位、社区进行科学考评。

5.2.2 湖州市生活垃圾分类智慧监管机制的特点

上述的案例分析从微观的角度探究了智慧监管机制的形成过程,但也让我们可以"管中窥豹"。从面上的效果看,湖州各区县的实践确实能够回应实际管理需求问题，并已经产生了一定的积极效果。基于近两年的实地调研和多年的实践工作思考，我们进一步以问题为导向对相关机制进行定性分析，总结反映出县（区）智慧监管机制的一些共同特点：

1. 智慧监管如何解决数据采集、数据存储问题

数据要素作为智慧监管机制得以运行和实现的重要基础，依托其扩展开来的全场景大数据分析及科技智能化运用，在垃圾分类监管治理领域发挥了关键作用。同时，数据的收集、存储问题也得到了较为科学、妥善的解决。一方面，各县（区）在包括前端投放、中端收运、末端处置的全流程中安置智能化设备如智能垃圾桶、车载称重系统等，且通过扫码溯源、定时定位、智能称重、视频监控等措施确保全流程数据的获取均纳入有效监管；另一方面，各县（区）均投入大量人力、物力、财力搭建其垃圾分类智慧管理平台，通过就地存储、部门归集、云端备份的方式确保数据的安全无虞与真实可用。

2. 智慧监管如何贯彻垃圾分类全流程运作的高效

贯彻垃圾分类全流程运作的高效依托于智慧管理平台的搭建，通过不同功能模块的设置以及全流程的监管，实现对各乡镇小区、垃圾分类中转站、收运车辆、末端处理厂的垃圾分类全链条科学管理，做到溯源到户、管理到户、一个屏幕知全县（区）、一个平台管全程，形成全程闭环管理。以长兴县为例，自启用智慧监管系统1年后，其已经覆盖至全县16个乡镇（街道）的258个小区，小区居民户分准确率达98%以上，已录入居民信息8.4万余户，扫码巡检345万余次，红黑榜公示6700余人次，溯源纠正"分类不准"家庭4500余户。可见，智慧监管对垃圾分类的全流程高效运作十分重要。

3. 智慧监管如何促进并协同社会其他主体的参与

基于垃圾分类全流程的智慧监管的推行不能只依靠县（区）级政府部门与街道、社区工作人员的参与，而是要吸纳包括老百姓、

商户在内的多种主体共同参与的协同监管。一方面，在前端投放层面大力推广并坚决执行"积分制"。借助"积分制"的形式，通过提供与居民日常生活息息相关的实惠和便利吸引老百姓踊跃参与垃圾分类，并积极开展"积分制"与"信用分"二者融合发展的探索与先行先试。另一方面，在集中收运层面有效促进商户的源头减量。随着"撤桶并点"的持续推进，越来越多的商户选择与环卫部门合作完成垃圾清运，积极开展双方的协商、协作、协调，促进各类商户特别是餐饮类、酒店业商户做到源头减量。

4.智慧监管如何从技术本身上不断演化以满足管理发展的需求

随着垃圾分类工作的持续推进与发展，各种新的需求应运而生。从技术本身出发，主要有三方面：第一，实用化。经调研发现，各县（区）虽均已建立各自的智慧化管理平台，但平台的使用情况却参差不齐，有些县（区）已达到较好的使用效果，而有些县（区）则只是停留在展示层面，尚未形成真实有效的实用效果，亟待加以推进。第二，体系化。当前湖州市各县（区）垃圾分类智慧监管平台的搭建大多仅基于垃圾分类相关部门组成的体系，没有与城市综合管理、治理充分结合，形成一个助力城市智慧化发展的完整体系，亟待在该层面有所探索与突破。第三，精细化。经调研发现，不同县（区）智慧管理平台的建设依托的框架虽大同小异，但数据收集和呈现的精细程度却有较大差距，其中部分县（区）的平台尚且由于数据的粗放和零散而无法有效运转，亟待加深平台建设的精细化程度。

湖州市的智慧监管实践释放了生活垃圾的监管治理活力，带来了较为显著的现实效益，但作为一个动态系统，生活垃圾的智慧监管仍存在一定问题，也面临着新的需求。这要求治理者从理论视角出发，立足湖州市的监管实践，探索一套符合现实管理需求的系统，即适合当前的"应然模样"。

5.3 生活垃圾智慧监管的理论研究及湖州的实践分析

生活垃圾分类不仅是政府公共管理的一部分，更是每个人的事，是社会治理的一部分。因此对于政府，需要从监管的角度转变到"监管治理"的角度，才能将生活垃圾分类的"民生关键小事"和"社会发展大事"有机联系起来。但随着数字社会的到来以及数字变革下的社会结构改变，人与人、人与事物的关系互动也发生了根本性的变化。因此，生活垃圾分类的智慧监管并非简单的"传统监管＋信息化"，而是在智能社会背景下诞生的、以技术和制度双重创新为基础的监管变革。学术界已经较早地开展了如何借助现代科技手段探索创新管理理论的研究，以智慧监管推动生活垃圾分类的公共治理也是其中的一部分。因此，我们有必要将生活垃圾智慧监管的相关理论研究和湖州的实践结合起来思考分析。

5.3.1 智慧监管

100 多年以前，马克思和恩格斯就在《共产党宣言》中提到，建立在技术变革基础上的生产活动推动了人类发展，使得"一切社会关系的接连不断的震荡……一切等级制的和停滞的东西都消散了"❶。自第三次科技革命以来，大数据、人工智能、物联网等新兴技术蓬勃发展，以数字化、智能化、网络化为代表的信息化浪潮正席卷全球。信息技术在世界范围内迅猛发展，不仅影响着人们的生活方式和思维方式，也强烈冲击着现代化政府监管改革。"智慧监管"的理念来自于"智慧治理"和"智慧城市"，学者哈菲德提出了一个理解智慧城市概念的框架，确定了智慧城市举措的八个关键因素：组织、技术、治理、政策背景、行为者、经济、建筑基础设施和自

❶ 马克思，恩格斯．马克思恩格斯全集（第四卷）[M]．北京：人民出版社，1958．

然环境❶。学者苏玛雅提出了智慧城市的方法论框架,指出智慧监管是政府结合技术理性和治理艺术的价值理念,由行为者、智能环境、智能生活三大要素构成了智慧城市的基础❷。学者郭剑鸣指出智慧治理需要有满足智慧化行动的规则、技术、政策、资源和行动者,使相关治理体系具备高度的整合性、有效的回应性、强大的吸附性和有机的协同性❸。因此,智慧监管不是给现有的政府监管披上一层互联网的外衣,而是技术赋能和制度赋能交织驱动下的政府监管整体性变革。

"互联网+"与监管型政府之间不是一种单向的、直接的线性关系,两者之间存在着一种表征关系❹。智慧监管所带来的挑战要求政府"依托技术优势,为治理赋能,不失时机地推进自身治理现代化转型"❺。一方面,"智"主要是指监管科学,关注监管的效率与精准度,互联网时代背景下的监管科学主要包括监管信息化创新和计算能力等;另一方面,"慧"主要是指监管艺术,关注监管的策略与合作,具体可以表现为回应性监管和协同监管等监管方式。智慧监管秉持"大监管"的监管理念,主张监管主体和手段的多元化,提倡运用不同的工具组合,以最少的干预、最低的成本实现监管者与被监管者的共赢❻。传统的经济性监管、社会性监管和反垄断监管的三大核心职能主要以政府为中心,以管控为导向❼。新的时代特征催

❶ Chourabi H, Nam T, Walker S, et al. Understanding smart cities: An integrative framework[C]//2012 45th Hawaii international conference on system sciences. IEEE, 2012: 2289-2297.

❷ Letaifa S B. How to strategize smart cities: Revealing the SMART model[J]. Journal of business research, 2015, 68(7): 1414-1419.

❸ 郭剑鸣, 赵强. 智慧社会视域下的政府监管创新: 使命、困境与进路[J]. 社会科学战线, 2021(6): 199-208.

❹ 冯涛, 郁建兴. 走向监管型政府: "互联网+监管"与"监管+互联网"的融合[J]. 中共宁波市委党校学报, 2017, 39(1): 5-13.

❺ 郑永年. 技术赋权: 中国的互联网、国家与社会[M]. 北京: 东方出版社, 2014.

❻ 刘鹏, 钟晓. 智慧监管真的智慧吗?——基于地方政府食品安全监管改革的案例研究[J]. 广西师范大学学报(哲学社会科学版), 2021, 57(2): 28-39.

❼ Viscusi W K, Harrington Jr J E, Sappington D E M. Economics of regulation and antitrust[M]. Cambridge: MIT press, 2018.

生出"智慧社会"概念的出现，智慧社会中新业态、新生产方式和新生活方式的出现进一步塑造了新的政府与市场、社会的关系❶。一方面，传统的由政府主导的监管体系无法准确全面地面对"智慧社会"里产生的新风险，政府在监管理念上亟须创新；另一方面，正如狄更斯所言，"这是最坏的时代，也是最好的时代"，信息社会的进步在给政府的监管带来挑战的同时，也为政府监管体系的进步提供了机遇。大数据、云计算、物联网和 5G 等信息技术的日臻成熟为政府的智慧监管提供了智能基础，技术与制度的结合不断地升级。

我国政府十分重视智慧监管的实践，起步并不晚，尤其是近几年，已经明确指出，需要智慧监管以提升管理能力的现代化水平。也有学者将政府的监管分为三个阶段：第一阶段以政府的权威指令为中心，这是在数字化出现之前的政府监管的主要形态；第二阶段以网站、办公自动化系统和管理信息系统为手段，这是新世纪以来的主要政府监管形态；第三阶段是依托于大数据、云计算、5G 等信息技术来实现智能化的监管，这是近十年来快速发展的政府监管形态。第三阶段可以在极大程度上解决由于信息不对称带来的监管漏洞和监管失当。政府监管三阶段中政府面临的数据、业务、协同和交互能力的数字化演变过程，如图 5-6 所示。由图可知，第三阶段的监管打通了政府组织内部以及政府与社会之间的沟通壁垒，真正实现了"数据通、业务通、协同通、交互通"❷。

综上所述，智慧监管是根据多样化需求而融合项目、资源和数据能力，进行价值创造的新型监管。价值创造的核心是创新，特别适合社会治理过程中出现的复杂性问题，如生活垃圾分类的问题，因此垃圾治理与智慧监管的结合应运而生。

---

❶　郭剑鸣，赵强 . 智慧社会视域下的政府监管创新：使命、困境与进路 [J]. 社会科学战线，2021（6）：199-208.

❷　北京大学课题组，黄璜 . 平台驱动的数字政府：能力、转型与现代化 [J]. 电子政务，2020（7）：2-30.

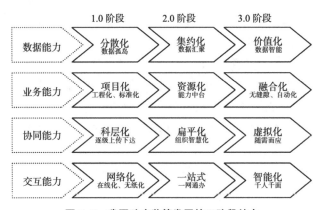

图 5-6　我国政府监管发展的三阶段特点

5.3.2　垃圾治理与智慧监管的结合

随着城市化的不断发展，垃圾数量不断增加、管理难度不断加强，传统效率低下的收集和运输方式已经无法适应现代的城市管理[1]，垃圾治理与智慧监管相结合的研究是近年来政府创新监管的热点话题。

在垃圾治理的智慧监管应用上，学者应雨轩等分析了对生活垃圾的焚烧过程采用智能化监测、控制和管理的优缺点，建议对现有技术进行系统化耦合，构建智能化反馈[2]。学者张鹏程等提出了一种融合移动边缘计算和深度学习的城市街道垃圾检测和清洁度的评估方法，为城市市政管理者有效安排清理人员提供了参考[3]。学者段研婷等从深圳的智能环卫建设出发，研究了物联网环境下环卫组织的变革，为城市管理打造"智慧大脑"的组织结构提供了可行性方

---

[1] Jacobsen R，Willeghems G，Gellynck X，et al. Increasing the quantity of separated post-consumer plastics for reducing combustible household waste：The case of rigid plastics in Flanders[J]. Waste management，2018，78：708-716.

[2] 应雨轩，林晓青，吴昂键，李晓东. 生活垃圾智慧焚烧的研究现状及展望 [J]. 化工学报，2021，72（2）：886-900.

[3] 张鹏程，赵齐，高泽宇. 一种融合移动边缘计算和深度学习的城市街道垃圾检测和清洁度评估方法 [J]. 小型微型计算机系统，2019，40（4）：901-907.

案❶。学者阿兹曼等利用定位垃圾桶的方法,研究出了一套优化生活垃圾收集效率、降低收集成本的方法❷。可见,随着"智慧城市"理念的产生,将垃圾监管治理与智慧信息技术相结合的智慧监管应运而生,生活垃圾分类的智慧监管实质是信息技术与其背后的管理需求逻辑的耦合。

在垃圾治理与智慧监管的理念融合上,学者戈瑟姆等人提出了智慧监管治理的八项原则,其中包括"选择包含广泛工具的政策组合""选择包含广泛机构的政策组合""调用激励和信息工具"以及"减少干预主义措施"等❸。由此可以看出,智慧监管在理论上倡导一种灵活、多元的监管理念,而垃圾治理作为一项系统性强、复杂度高的公共事业,在融入智慧监管的过程中更应该根据实际情况引入"广泛机构"、采用"广泛的工具"使得治理过程更富有弹性。在政策组合工具方面,学者杨炳霖、刘鹏等从回应性监管理论出发,介绍了智慧监管的理论逻辑,在强调政府监管主体地位的同时,还指出了企业自我监管和第三方机构监管的重要性❹,❺。在解决公共管理问题时,不同的政策工具有不同的着力点,不存在一种极富灵活性和弹性的政策工具可以一蹴而就地解决所有监管治理问题,这在生活垃圾的智慧监管治理中表现得尤为突出。由此政府要采用不同的政策组合来应对不同的监管治理问题,根据"选择包含广泛工具的政策组合"原则,结合多元治理思想,智慧监管还强调不同的监

❶ 段妍婷,胡斌,余良,陈治. 物联网环境下环卫组织变革研究——以深圳智慧环卫建设为例 [J]. 管理世界,2021,37(8):207-225.

❷ Yusof N M, Zulkifli M F, Yusof M, et al. Smart waste bin with real-time monitoring system[J]. International journal of engineering & technology,2018,7(2.29):725-729.

❸ Van Gossum P, Arts B, Verheyen K. From "smart regulation" to "regulatory arrangements" [J]. Policy sciences,2010,43(3):245-261.

❹ 杨炳霖. 监管治理体系建设理论范式与实施路径研究——回应性监管理论的启示 [J]. 中国行政管理,2014(6):8.

❺ 刘鹏,王力. 回应性监管理论及其本土适用性分析 [J]. 中国人民大学学报,2016,30(1):91-101.

管主体采用不同的政策工具组合 ❶。可见,以政府为单一监管主体的传统监管模式在智慧型社会中面临着许多困境:一方面, 社会力量的缺席会造成监管的效力不足;另一方面, 传统科层化的治理模式主要是通过行政手段实施事前监管, 缺乏事中和事后的考虑, 往往会造成监管的不全面。

5.3.3 湖州市对智慧监管的应用

近年来, 湖州市以创建生活垃圾分类全国示范城市为目标, 以政府数字化转型为引领, 按照"系统智治、共治共管"的新理念, 加快建设了生活垃圾分类智慧监管平台, 探索了生活垃圾分类设施收集、分类清运等多业务协同的分类智慧监管模式。借助"人工智能 + 大数据", 强化数字化管理, 初步实现了对垃圾收集量、可回收物回收量、分类准确率等数据的实时更新与监测, 以充分掌握生活垃圾分类的实际运行情况, 实现"一屏监管"。湖州市将智慧监管融入对生活垃圾的全过程监管治理当中, 实现了闭环式的良性管理框架。

在对生活垃圾的智慧监管中, 湖州市采用了上述理论研究中所提到的"组合工具", 包括信息技术工具、"金字塔"式监管工具和制度工具等。以"金字塔"式监管工具为例, 面对违规行为, 政府首先采取劝导和教育的协商性手段, 失效后再采用惩罚性手段作为最后的保障。此外, 在垃圾治理过程, 企业可以采用制度工具对公众行为进行一定的约束, 也可以采用宣传的手段对其进行激励, 而社会公众则可以通过投诉举报、媒体监督等手段对政府和企业的行为进行监督。

湖州市在应用相关工具时, 也遵循了相应的工具条件和原则。例如, 根据"选择包含广泛机构的政策组合"原则, 智慧监管打破

---

❶ Van Gossum P, Arts B, Verheyen K. From "smart regulation" to "regulatory arrangements" [J]. Policy sciences, 2010, 43 (3): 245-261.

了监管组织间的决策和处置壁垒，改变了原来缺乏外部社会智慧的科层设置，强调了扁平化的、社会共同参与的治理理念。在生活垃圾的智慧监管实践中，湖州市建立包含政府、企业和社会公众的多元主体共同参与的协同平台模式。例如，根据"调用激励和信息工具"原则，湖州市政府以智慧平台为纽带，利用大数据等手段对企业和社会公众设置了一些激励性较强的制度。以对居民的激励为例，湖州市设置了垃圾分类积分兑换超市，每天每户居民如果正确分类，数字化系统平台会自动同步增加积分，积分累计达到一定量时可定期定点兑换生活用品，此举有效提高了居民垃圾分类的参与度和积极性。同时，管理者还在智能垃圾箱旁，张贴了居民垃圾分类的"红黑榜"，对那些表现优越的住户进行表彰，进一步激励了居民参与垃圾分类工作。

5.4　湖州市城镇生活垃圾分类智慧监管的系统优化

虽然，湖州市生活垃圾分类智慧监管模式获得了浙江省生活垃圾分类智慧监管的"优等生"名号，但智慧监管是基于数据能力、业务能力、协同能力和交互能力的管理过程，它本质上应是一个动态响应的整体系统，受管理尺度影响，同时管理过程本身是动态演化的，任何系统平台都只能是现阶段的"暂态"。如 5.1 节中关于湖州市生活垃圾分类监管治理的现状、实践机制是其演化过程的"过去"，它的不足也是十分明显的，各个区县各自为政的平台系统虽然在属地方便监管治理，但是并不方便分享数据和操作经验。因此，需要从"机制设计和系统设计"的角度，结合理论和实践，"继往开来"地优化出一个更理想的系统是管理现实的需求。下面我们结合管理和技术设计的逻辑思路，分析目前阶段湖州市生活垃圾分类智慧监管系统的应然模样。

5.4.1 湖州市城镇生活垃圾分类的智慧监管系统平台的管理目标

湖州市城镇生活垃圾分类智慧监管系统平台首先应结合实际管理的目标，根据上述分析，我们认为目前的系统平台需要整合优化如下四个相关目标：

1. 大数据分析，实现精准管理

围绕"四分三化"的业务核心，按照"用数据说话、用数据管理"的设计思路，对"四率"、街道和社区综合考核排名情况、可回收物回收量统计、收运处置变化曲线等分类实效指标和监管指标进行实时展示，实现"一屏监管"。按照"集约建设、共享利用"的建设思路，各街道、园区、社区应有使用账号，使自己成为"指挥中心"，使问题"在平台精准发现，在社区靶向解决"。

2. 二维码溯源，实现闭环管理

以二维码为标识，将居民家庭信息和垃圾投放精准绑定。居民投放后，由专管员全覆盖扫码巡检，并将巡检结果（评分、照片等）上传至溯源管理平台，实现"前端有投放，后台可溯源"。同时，建立完善四项机制，实现前端分类的闭环管理。一是反馈机制。依托溯源管理平台，及时将巡检结果以短信形式反馈至居民家庭，在反馈中做好宣传引导工作。二是激励机制。根据巡检结果，对居民家庭予以相应积分奖励；推动积分兑换方式多元化，强化积分在连锁超市、电商平台、支付平台、信用平台的共享共用，引导居民从"不想分"到"主动分"。三是督导机制。通过溯源管理系统，对分类不准确的居民进行上门辅导；对辅导后依然分类不准确的居民，由属地综合执法部门上门执法。四是公示机制。建立红黑榜，实行"每日晾晒"制，对多次分类不准确的居民在小区电子显示屏曝光，扩大教育面，达到"办理一案、治理一片"的效果。

3. 数据全接入，实现全程管理

通过将中端收运和末端处置环节数据接入平台，打通分类管理全链条。在中端收运（转运）环节，重点监管收运车辆和中转站。利用车载视频系统，通过专车专用、桶车对应，实现对混装混运的监管；利用车载称重系统，解决计量缺失的问题，为收费结算提供依据，倒逼垃圾产生单位源头减量；利用车载定位系统，全面掌握收运车辆运行轨迹，便于及时调度。同时，将垃圾中转站视频监控系统接入平台，抓好中转站这个关键点，避免混装混运。在末端处置环节，将新城环保垃圾焚烧发电厂、金耀易腐垃圾处置厂、大件垃圾处置中心、园林垃圾处置中心、分拣中心等处置数据接入平台，实现对末端处置厂的情况全掌握，确保各类垃圾得到针对性处置，以完成从垃圾投放到处置的全程监管（见图 5-7）。

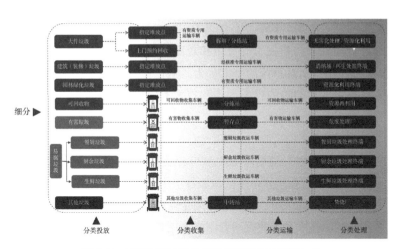

图 5–7 城镇生活垃圾分类智慧监管的数据接入点

4. 多角色参与，实现共赢管理

通过智慧平台将企业、社会公众和政府融入到垃圾治理的各个环节中，形成多元治理的局面，三方合作共赢的良性互动循环。企业、公众和政府在垃圾治理中的关系，其中政府起主导作用，既要做到对企业的统筹规划和适当监管，也要对公众进行垃圾治理的宣传引导并推进强制分类的实施；企业一方面要利用智慧管理对公众进行精准干预，另一方面要及时向政府汇报工作进程；社会公众与企业进行实时互动的同时也可向政府进行投诉建议。智慧监管平台利用大数据、云计算等手段，为政府的运营管理和宣传引导、企业的分类运营、公众的信用评价等提供基础，而各个板块体系又相互关联，形成一个有机运营体，实现三方的合作共赢。

5.4.2　生活垃圾分类智慧监管的技术系统结构剖析

智慧监管过程中需要应用到复杂的技术元素，例如云计算、人工智能、机器学习等，这些技术的组合构成了在智慧监管中起到关键性作用的信息技术系统。与其他社会行动体系类似，基于信息技术系统的行动体系应由三个基本要素组成：行动者、技术要素和规则体系。其中，行动者是技术系统中最活跃的能动要素，只有行动者参与到技术的应用和规则的制定中，才能使系统正常运行；技术是信息系统的基础，为其运行提供了设备和构件；规则体系决定了行动者的行为方式和技术的应用模式，是信息技术系统的内在基础。

1. 行动者

行动者是对行动场域中的参与者及其规则构建有影响的个人、群体和组织[1]。在湖州市生活垃圾数字化治理实践中，主要的行动者有作为管理者的政府、提供服务的企业以及作为管理和服务的需求者和居民。技术系统的行动者网络由三者的互动关系构成，他们在这个网络中有各自的权利和义务。但是他们在其中的地位是不同的，各自扮演着不同的角色、发挥着不同的功能。

政府在信息系统中应起到主导作用，决定信息技术的使用与否，也应是规则体系的主要设计者。在技术系统的行动者网络中，针对

---

[1]　法埃哈尔·费埃德伯格.权力与规则：组织行动的动力 [M]. 张月，译. 上海：上海人民出版社，2005.

企业和公众，政府需要实现智慧化的运营管理，利用数字技术搭建立体的宣教引导体系，实现对企业的统筹规划和监管以及对公众强制分类的宣传引导。

　　企业既包括为居民和政府提供分拣、运输、处置等垃圾处理服务的物业公司和运营公司，也包括提供数字产品和服务的技术公司。企业应对居民采用精准干预的手段，同时为居民提供一系列的公众服务与其进行互动，如可以通过对居民的具体行为展开监督和分析，优化运营策略；在大数据分析背景下，可以精准捕捉公众的行为，确定宣传和引导的方向。

　　企业在智慧治理中发挥着"主力军"的作用，与政府形成了相互合作的关系。对于技术企业而言，其行动的重要目的是向政府推荐技术方案，通过承接政府智慧管理的项目来获得利润，为政府提供相关的人才和技术支持。对于另一类企业，主要是通过技术手段参与垃圾的分类运营，如分类管理、回收管理、车辆管理等。政府的规划和投入为这些企业提供了资源保障，企业要定时向政府汇报运营情况。

　　公众在数字化治理中扮演着双重角色。一方面，居民是智慧监管要描绘和理解的对象，即利用数字监控、大数据分析等工具来收集和分析公众的行为、需求和意愿等内容，以此采取具备高度的精准性、有效的回应性和强大的吸附性的治理行动。另一方面，居民在智慧监管中也扮演着信息提供者和评估参与者的身份，在为智慧监管提供个人数据、为公共管理提供参考的同时，也可以向管理者及时反馈满意度、需求等评价内容。

　　2. 技术要素

　　在智慧监管过程中，"人"是具有能动性的因素，也是监管的中心，但是监管的关键要素和基础是"技术"的问题。没有技术的支撑，智慧监管就无从谈起。根据在智慧监管中的角色和功能定位，技术要素可被分为智能感知技术、信息集成处理技术、辅助决策技术和智能服务技术四大类 ❶。

智能感知技术，是指将客观事物的行为感知读取出来，转化为可以处理的数据信息，为下一步的治理提供基础。信息集成处理技术，是指对数字进行清洗、分类和储存的技术，包括补充残缺数据、处理错误数据等数据清洗技术，信息内容分块、信息索引的建立等数据分类技术，以及将大量数据归入数据库、进一步开发和管理的数据存储技术。辅助决策技术，一般包括实时性决策技术和预测性决策技术两大类。前者是通过对管理问题进行全方位的指标设计，再利用算法设计等技术手段，启动预处理程序。后者则是通过机器学习和深度学习等手段，加上对历史的梳理和现状的分析，得到预测式的决策。智能服务技术，是指为了降低管理成本、优化服务流程、提高服务质量，智慧监管集成的新一代信息技术，通过物联感知、视频感应、空间定位、数据分析等手段做出智能化的反应，主要包括数字化平台、一站式服务和大数据系统等。

3. 规则体系

智慧监管是现代信息技术和监管治理相互结合的产物，是技术赋能与制度赋能的耦合。行动者和技术是智慧治理的"硬件"基础。为了规范监管的范围和行为，还需要在技术系统中引入规则这一"软件"要素，具体有框架性规则、技术性规则和辅助性规则。框架性规则是智慧监管体系在设计、建设和运行中，规定了总体框架、组织结构和运行机制的规则；技术性规则包括技术基础规则、技术支持规则和技术应用规则，规定了在技术的设计、应用和管理过程中的标准；辅助性规则又称为协调性规则，指用于协调技术和外部环境之间关系的规则，包括信息保护、信息安全审核和技术伦理规则等。

---

❶ 韩志明，李春生. 城市治理的清晰性及其技术逻辑——以智慧治理为中心的分析 [J]. 探索，2019（6）: 44-53.

4. 湖州市城镇生活垃圾分类智慧监管技术系统的结构分析

在湖州市现有的监管治理实践中，湖州市政府采用了处置分析、站点监控、车辆监控等智慧管理方法。通过将线下宣传教育、志愿者协会等传统的宣传渠道与社交新媒体平台等数字化手段相结合，搭建了具有湖州特色的立体宣教体系。湖州市的智慧监管系统已经为居民设定了一个信用评价平台，居民可以提交企业单位的评价，和管理人员进行在线交流和服务反馈。湖州市政府已经投入了大量的资金建立智能化的基础设施，包括各个垃圾驿站的建设、互联网后台系统的搭建、车辆监控的配置等。各个部门掌握着大量的数据，拥有着较强的数据优势，可以根据需求选取不同的技术制定合适的规则。湖州市也应用了许多智能感知技术，例如设计者在智能垃圾箱的投放口采用了感应设备，只要有人靠近，便会自动开启，实现"无接触式"投放。每个驿站还配备了监控和人脸识别技术，一旦发现投乱放现象，可以及时运用语音对讲功能进行制止，并引导居民正确投放。同时，针对运输车辆的车载监控、车载称重系统等也是智能感知的技术体现。为了强化对居民的智能服务力度，湖州市还推出了"湖州圈"小程序，推行"码上办"改革工作，居民可以通过"六码"服务和管理者架起沟通桥梁、表达需求并简化办事流程，在提升环卫业务精准度、时效性的基础上，打破了民政联通渠道单一的现状，实现"管"与"服"的双向提质。在规则体系层面，管理者也制定了许多技术性规则以保证监管的顺利推行。例如 2019 年出台的《湖州市个人诚信分管理办法（试行）》中，将垃圾分类行为纳入个人诚信分评价标准，对按规定进行垃圾分类的个人实施联合激励，这有利于管理者使用智慧平台来推进溯源管理模式和多元的奖励机制，使居民养成精准分类的习惯。此外，在政策层面上，湖州市预计在 2025 年建成"1+5+N"总体数字化体系，"1"是指智慧城建综合信息平台，"5"是指五大数字体系，其中就包括数字环卫的建设，《湖州市住房和城乡建设事业发展"十四五"规划》对该体系的指导思想、基本原则和总体框架等做出了解释。此外，在具体的垃圾智慧实践中，为了保证智慧系统各项业务能正常、有序开展，政府结合业务流程与各部门工作职责，制定了《信息系统权限分配方案》，细化的权限分配推进环卫业务逻辑的梳理，切实使信息平台成为数字监管的助力。

以上这些"可圈可点"的实践特色大多数是在采用就地存储、部门归集、云端备份的方式对数据进行集成处理基础上实现的。但结构优化是系统性的，需要纵向和横向维度的全盘打通，以整合成一个整体性、系统性的智慧监管系统。不仅整合底层的数据资源，更为区域层面的管理者提供决策分析、考核分析、能力建设等全方位的参考和不断实践优化的需求。因为，无论从监管治理的成本还是不断制度化演进过程中的政策支持来考虑，以整个湖州市一体化统筹的系统最理想。根据上述的分析探讨，我们得出湖州市生活垃圾分类监管治理技术系统结构的行动者网络及其关系图，以探讨一个更加优化的系统结构，如图 5-8 所示的可视化关系。该系统结构以"政府—企业—公众"三者的互动关系为基础，每个关系都是双向的，表达不同的关系路径，但三者承担不同的主导角色功能，同时在三者有机互动基础上，各自的行动模块及相应的行动协作机制清晰可见。

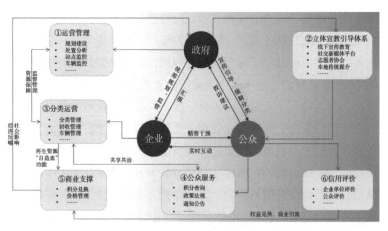

图 5-8　生活垃圾分类监管治理技术系统的行动者网络及其关系

5.4.3　基于"互联网 +"信息平台的智慧监管过程优化

1. "互联网 +"监管治理信息平台

生活垃圾分类监管治理技术系统的行动者网络及其关系的管理实现过程即是平台化。平台化是智慧监管的重要体现。学者黄璜认为，平台在本质上就是分工的基础，让专门的资源（人、物或数据）发挥专门的能力，实现资源的能力化；同时，这些能力在平台中被固定下来，变成可以共享的特殊资源，实现能力的资源化❶。为了提高解决实际问题的能力，提升对事件的反应力，平台应该规整特定的信息或能力，将其标准化为各个模块，让更多的角色参与其中。根据目前生活垃圾智慧监管的目标要求和结构优化，湖州市需要一个基于管理过程的模块逻辑框架。据调研，合适的智慧监管框架应包括五大板块，分别是全流程监管中心、市民服务中心、政府管理中心、设施资源中心和专题数据中心。各板块的具体内容和功能点见表 5-1。

智慧监管框架中各模块的内容说明　　　　　　　表 5-1

模块内容	分项内容	具体内容
全流程监管中心	可回收垃圾	分类投放管理、分类中转管理
	易腐垃圾	分类投放管理、基础数据管理、运维管理、考核管理、基础信息管理
	其他垃圾	分类投放管理、分类收集管理、分类运输管理、分类中转管理、分类处置管理
	有害垃圾	分类投放管理、分类收集管理、分类运输管理
	大件装修垃圾	大件装修预约管理、物业合同管理、大件装修去向管理、大件装修出场订单管理
	视频监控	清运车辆

---

❶　北京大学课题组，黄璜 . 平台驱动的数字政府：能力、转型与现代化 [J]. 电子政务，2020（7）：2-30.

续表

模块内容	分项内容	具体内容
市民服务中心	预约上门	废品回收、回收公司及人员管理、回收订单管理、码上找、码上审、预警信息
	分类评价	产运互评管理、居民随手拍、视频专栏管理、竹篮子管理
	有偿合同管理	有偿合同管理
政府管理中心	分类数据上报	区域填报、县区上报汇总、报表统计、处置填报汇总、看板数据填报、垃圾明细填报
	分类考核	考核管理、考核标准、参数设置、考核分析
	事件处理	热线事件处理、巡查及事件管理
	数据分析	分类投放分析、街道数据分析、清运公司数据分析、车辆收运分析、末端处置分析、收集分析
	数据中台	数据中台
	源头减量	源头减量数字化模型
	焚烧场监管	垃圾应急调度决策、生活垃圾调度一张图、日常监管、报警管理、监管配置、数据监管
	积分管理	运营商管理、积分明细、运营商账单
设施资源中心	分类投放设施	行政区划管理、投放点视频、人员管理
	分类收集设施	收集设施管理、大件装修收集点
	分类运输设施	车辆信息管理
	分类中转设施	设施管理
	分类处置设施	设施管理、基础数据管理、就地处理机器管理
	智能设备管理	仓库管理、点位设备管理
	基础配置管理	事件类型管理、视频设备管理、后台管理、系统管理
专题数据中心	街道维度分析	街道维度分析
	清运公司运营分析	清运公司运营分析
	光盘行动分析	光盘行动分析
	垃圾处置分析	分类投放分析、街道数据分析、清运公司数据分析、车辆收运分析、末端处置分析、收集分析

1）全流程监管中心

该模块主要对可回收垃圾、易腐垃圾、有害垃圾等不同垃圾的投放、收集、中转等做出全过程的监管，并对垃圾车进行实时的监控。系统针对不同的垃圾设置了不同的功能板块，例如在可回收物的流程监管中更强调居民的投放记录和站点的回收记录；易腐垃圾在强调居民投放记录的同时，对商户的易腐垃圾产生量做出详细记录，还可设置具体的考核板块；对其他垃圾的监管则做到投放、收集、运输、中转和处置的全过程监管。视频监控板块的主要对象是清运车辆，除了对清运车辆的位置进行实时监督，还对车前、车侧、车内、车后的情况进行视频监控。

2）市民服务中心

市民服务中心模块主要由预约上门、分类评价、有偿合同管理三大板块组成，和"湖垃圈"小程序相互联通。预约上门板块包括了回收废品服务，可以查看居民的预约情况和废品市场的价格体系。居民在"湖垃圈"小程序中提交"码上审"申请以及关于公厕的后台数据设置。分类评价模块收集居民对收运公司的收运质量的评价，以及"竹篮子"活动的进行情况。有偿合同管理板块存储垃圾治理过程中涉及的各类合同。

3）政府管理中心

政府管理中心模块包括分类数据上报、分类考核、事件处理等若干功能模块。管理者可以在数据上报模块填报区域、区县、处置场、看板等数据，完善管理数据。分类考核模块记录考核的任务、记录和标准，管理者还可以在此进行考核记录统计、考核分类统计等考核分析。事件处理模块记录管理者的待办和催办事件，可在此进行巡查和事件管理。数据分析模块整合分类投放、收集、处置的数据，还包括街道数据、清运公司数据和车辆收运数据分析，是智慧监管数字化的成果，为垃圾治理提供直观的数据支持。政府管理中心还可构建一个源头减量数字模型，包括源头减量看板、制止餐饮浪费一张图、易腐垃圾就地处理一张图、两网融合一张图等内容。该模块还包括对焚烧场和居民的积分管理，监管者可以在此直观地看到生活垃圾调度网络的构建情况和居民参与垃圾治理的积分台账。

4）设施资源中心

设施资源中心模块包括分类投放、收集、运输、中转和处置设施板块，以及智能设备和基础配置的管理。从小区、户和点位三个维度对分类投放进行管理，平台可以观看每个投放点的监控视频。同时，智慧系统还对收集、中转和处置设施的台账、运输车辆信息等有着详细的记录，对垃圾治理过程中的设施资源实施精准管理。智能设备主要指各个点位的智能垃圾箱。基础配置模块用于管理故障、维修、信访投诉等日常事件。

5）专题数据中心

专题数据中心模块除了政府管理中心涉及的街道维度分析、清运公司运营分析和垃圾处置分析外，还应增加"光盘行动分析"，管理者不仅可以总览"光盘行动"的数据情况，还可以进行自主分析和对标分析。

2. 基于"互联网＋"信息平台的智慧监管过程

智慧平台通过监管可视化、数据标准化、风险预警化、问题追溯化、信用等级化、责任认定化，实现生活垃圾源头减量、分类投放、分类收运、分类处置等全过程智能化监管。湖州市基于平台的智慧监管主要包括监管信息的收集与展示、监管信息的分析与考核、监管预警以及监管主体联合奖惩。

第一，监管信息的收集与展示。平台根据数据的动态变化，及时采集维护数据。分类投放环节的易腐垃圾数据、分类收运环节的车辆轨迹、分类处置环节的处置信息等，实时采集更新数据。同时，通过展示垃圾分类全过程中的分类覆盖率、回收利用率、资源化利用率、无害化处理率、分类处理率等重要指标类数据；车辆、集置点、中转站、处置终端等能力类数据；宾馆酒店、企事业单位等提供的光盘行动、限塑令、净菜进城等源头类数据，全面掌握各环节垃圾分类工作推进情况，同时通过视频等可视化资料，直观掌握各环节信息。

第二，监管信息的分析与考核。对数据的统计分析，为生活垃圾治理提供数据支撑。如通过垃圾产生量变化趋势，分析源头减量效果；通过垃圾处理量趋势，分析处置高峰，合理调配垃圾；通过易腐垃圾"每日一袋"投放准确率，分析垃圾分类推进效果；通过收运线路与轨迹，分析垃圾分类收运和日产日清状况；通过发电量、产气量以及污染物排放监测指标等，分析资源化利用率和达标排放情况。同时，平台通过监管考核反映垃圾分类总体工作推进情况、重点工作推进情况、各区块及镇街排名。此外，管理者还可与第三方垃圾分类检查融合，通过手持终端，以下单、派单、返单的形式，将检查结果实时反馈到平台。

第三，监管预警。在完成信息的收集与分析后，管理者可利用得到的数据分析结果，对生活垃圾处理环节中的不足之处做出预警。一是对各项任务完成情况进行预警示，以绿、黄、红三色来直观反映任务完成进度正常、滞后、严重滞后等不同状态。二是对分类投放环节进行警示，如投放质量好坏、投放质量是否下降等，投放环节警示功能随硬件配备情况到位逐步完善。三是对分类收运环节警示，如对未进行分类收运、未日产日清、收运线路偏移、超速等违规警示。四是分类处置，如针对不明清运车辆进入处置终端、污染物排放趋势、环保耗材用量不足等运行监管的预警。

第四，监管主体的联合奖惩。平台发布监管的信息和预警信息后，政府可以根据这些信息对被监管者进行联合奖惩，公众和社会舆论等也可以参与其中。以长兴县虹星桥镇的生活垃圾监管数字化为例，管理者基于大数据技术实时监控垃圾投放情况，以及定位分类错误的用户，通过后台数据每周晾晒红黑榜，对垃圾分类示范户进行一定互评奖励，对垃圾分类差评户予以曝光。各级网格员结合垃圾分类准确度、收集员清分质量等数据，可立即通过平台系统发送告警短信，短信内容包含错误的分类种类和具体图片，方便居民和收集员及时整改。

第6章

湖州实践的中国思考

在社会治理领域，生活垃圾分类的监管治理本是复杂也是很难的公共管理过程，但湖州市凭借其丰厚的"地方资本"，包括制度、经济、文化、生态、人力等方面的资本，实践出一个可圈可点的案例，为中国的城镇生活垃圾分类体系建设完善提供了思考的现实源泉。根据"行动研究"的逻辑，前述几章基于"过程—结构"视角的案例研究结果仍需要接受公共管理实践的检验和再反馈到研究中来。故本章的思考并不是为了回答"中国的城镇生活垃圾分类应该怎么做？"或"应该如何做得更好？"诸如此类的问题。相应地，探索的方向并不是将总结出的湖州经验推演到更大尺度的中国情境上，从而给中国城镇生活垃圾分类的监管治理提供"针对性"的"行动指南"。相反，我们觉得，一些"哲理性""整体性"和"忧患性"的思考框架可能更容易引起相关研究者和实践者的兴趣或共鸣，以此促进理论和实践互动的深度。为此，本章我们将基于"监管治理"的"哲理性"思考、基于"整体性"视角的协同治理框架思考以及基于以塑料垃圾为代表的警醒式"忧患性"治理框架思考，来进行湖州实践的中国思考。

6.1 基于"监管治理"的"哲理性"思考

从湖州市的实践研究中，我们已经体会到，监管治理的成效实质上是将生态文明主导的管理思想和理念不断融入各类管理操作体系，如法律、规范、生活和生产方式等所带来的变化。而当看到这些变化所带来的积极效果后，我们进一步领悟到，之前的环境问题是片面的"以人为中心"的发展观所导致的。新的发展观应该是基于平衡的发展观，包括人与自然、精神与物质、科学与技术、私人与公共、平等与奖励、短期与长期、速度与稳定、甚至男与女等的平衡。这些平衡关系从哲学视角看都是"阴阳"哲理下的动态平衡。

"阴阳"是一个对立统一的概念，是中国儒家思想宇宙观的重要组成部分，也是中国哲学和文化中的基本概念，它揭示了阴阳两极在宇宙和生态中的持续转换、变化和变通的关系。而人是其中的主观部分，人可以通过"致中和"的修为融合阴阳的动态平衡，从而达到可持续发展的共生平衡 ❶。因此，当往"哲理性"方向思考的时候，我们发现了很多意味深长且具有中国特色文化特征的表达来概括监管治理的关键要素。于是本节我们简明地思考了四个关键要素，它们分别是："主体、客体和环境"的合一、目标和策略的并建、基于"小惩大诫"的监管效用、构建创新的解释性维度，这些关键要素共有的特点是"平衡"。这些简明的思考或许只是投石问路，希望能激发更多的思考。

6.1.1 "安土敦乎仁"——监管治理的"三才"合一

"安土敦乎仁"来自《周易》："与天地相似，故不违；知周乎万物，而道济天下，故不过；旁行而不流，乐天知命，故不忧；安土敦乎仁，故能爱。"❷意思是在和自身所处的环境充分融合的情况下，做事不违背自然规律，爱惜资源，与自然和谐相处，能运用所习得的知识和所明白的道理来做事业，在处事过程中，能应变旁通，如此"仁民爱物"，才能博爱天下之人，达到天地人"三才"合一之理想状态。这充分地表达了生活垃圾分类的监管治理过程的第一个核心要素：监管治理的主体、客体和环境三者合一。生活垃圾分类的监管治理是一个典型的公共事业，需要从大的关怀面出发，又需要从自身的处事来敦守，如此才能以人之修养达"顶天立地"之修为，对应于中国古代哲学中强调的天地人"三才"合一的基本要素。

那么，生活垃圾分类监管治理的主体、客体和环境分别是谁？我们认为，主体对应着"管理者"，他们是具有能动性、社会性、

❶ 魏伯乐，安德斯·维杰克曼．翻转极限：生态文明的觉醒之路 [M]．程一恒译．上海：同济大学出版社，2018．

❷ 杨天才，张善文，译注．周易 [M]．北京：中华书局，2011．

创造性和把握性的人；客体对应着"地"，是管理者意图把握的人、事、物，是管理的对象；环境对应着"天"，既包括有形的物质环境，又包括人、事、物之间所组成的无形的非物质环境，是管理过程中需要明白的"道"和规律。三者又是如何合一的？我们认为，在管理过程中，主客体是双重性的，管理者和管理对象都同时扮演双重角色，他们既是管理活动的实施者，又是管理活动的承受者，他们的行动都受到环境的影响，但同时他们都能适当地接受相应的管理方法、工具和利用环境本身的影响，顺其自然地相互联系起来。

在生活垃圾分类监管治理过程中，主体活动的起点是从对管理者主体自身的管理开始的。为什么单位强制性分类对于整个社会形成生活垃圾分类的意识和行为习惯而言，是"出乎意料"的助推路径？其中一个重要的原因即是对管理者主体自身的垃圾分类行为的改造，通过自身的行动教育和政策设计融入自身思考反馈的管理思路，使得管理者的管理不再机械和固定，反而变得极富创造力。

生活垃圾分类的监管治理属于社会治理的一部分，对于管理者的能动性和社会性具有直接的需求，以回应管理者同步增长的知识和能力的需求。因此管理者需要突破自我行动，找到对管理对象产生作用和影响的价值和意义，并持之以恒，做到"敦乎仁"。由于管理者本身也是一个个体，要使个体"不违、不过、不忧"，需要管理者能有一定的"控制力"，不仅要有自身意识行为的控制，也要有一定的把握性控制管理活动本身，最终达到"故能爱"的能力。同样地，管理者对于环境的把握也如此，管理者需要善于发现和合理地顺应环境中的规律，利用环境的影响来达到管理目标的实现。湖州实践表明，能动性和社会性能力越强的管理者，越能应对垃圾分类监管治理中出现的各种不确定性。与此同时，他们的管理对象也会受其感染，因为从管理对象的视角来看，这些管理者热爱自己的家乡，为家乡自豪，他们也热爱自己的岗位，有非常高的工作热情和坚强的工作毅力。

管理者站在自身求道的起点上，通过关照有形的环境和理顺无形的环境，来探索相关的管理路径，从而使得管理对象不断配合和适应，但同时管理者又不断提升自身能力，可以不断地"触类旁通"。如此，管理主体实质上是在不断地营造出一种十分"对等"的氛围关系，主体、客体、环境之"三才"自然融合在一起了。这也自然而然地会影响体系内部的关系。往往，受层级制或新的目标考核的影响，体系内部的"藩篱"很难打破，但为什么"垃圾分类办"这个临时拼凑的办公室团队很不一样？现实中的他们往往具有快速的协同"战斗力"。犹如在中国已经普遍实现的"河长制治理"一样，河长制也是发端于管理者的改变以及自身能力的协同增长，使得水治理的效果很快地在中国扩散，成为社会治理改善的示范。

　　并不是所有进入管理主体活动领域的人、事、物都是管理客体，只有这些人、事、物成为管理主体活动意图把握的对象时，才能够成为管理对象❶。在垃圾分类中，人是最重要的也是最难的管理对象，正如生物多样性，人的性格、习惯、思维、利益诉求等多方面都存在多样性，他们又在多样性的基础上组成各种十分复杂的网络关系。因此，只有符合各种人性的管理才能实现"拨开迷雾见月明"。怎样才能有符合人性的管理呢？我们认为首先要明确管理对象的责任。在垃圾分类的情境中，这个责任就是"人与垃圾"的关系责任。用西方的话语来讲，也就是垃圾的"产权责任"。我们也在第1章的理论分析中详细地阐述了垃圾产权的生命周期，在生命周期中不同的阶段存在不同的人与垃圾的关系。当人们明白了这层关系后，他自己对于这层关系的人性化特征就出现了。而管理者将管理目标设定为"减量率、利用率、资源化率、无害化率"等就是针对不同的人性化管理的需求而已。另外，我们从"过程—结构"分析视角中的各种有效的管理机制可以获知，人性化的管理既是不断互动的过程，也是不断演化的结果。这跟上述的思考是契合的，即首先需要融合生活垃圾分类监管治理三要素，做到监管治理的"三才"合一。

❶　张俊伟.极简管理：中国式管理操作系统 [M].北京：机械工业出版社，2013.

6.1.2 "鼓之舞之以尽神"——目标和策略并建

"鼓之舞之以尽神"出自《周易》："书不尽言，言不尽意。圣人立象以尽意，设卦以尽情伪，系辞焉以尽其言，变而通之以尽利，鼓之舞之以尽神。"❶意思是通理之意是很难见之于书和言的，而通过"立象和设卦"则可以尽意尽言，但象和卦需要变而使之通才可以尽之利用。如此，百姓之心将乐而顺之，他们如同受到鼓舞一样，会在自己的思想和行动中尽其神妙之道的。在垃圾分类的监管治理中，"立象和设卦"相当于管理目标和管理策略的设立和选择，而"鼓之舞之以尽神"则是管理目标和管理策略并建的结果。这充分地表达了生活垃圾分类的监管治理过程的第二个核心要素：监管治理目标和策略并建。

垃圾分类监管治理的最高目标是"鼓之舞之以尽神"，即每个人都乐于并尽"止于至善"之道。在这个目标实现的过程中，需要不断递进的行动目标，如不断升高的减量率、再利用率、资源化率，以及不断降低的社会成本和适当的无害化率，更需要使用各种管理策略来实现目标。因此，这是一个监管治理目标和策略并建的过程。在这个过程中，如何选择策略和使用该策略下的工具，使之与目标的实现相匹配是关键。即如何关注当下，让十八般武艺尽显神通。

回顾实践研究中的垃圾分类监管治理进程，我们认为，策略可以以机制为基础进行选择，而工具则主要包括政策工具、管理执行工具、经济工具和文化影响工具，应时应景、自然而然最好。如按演化的视角，以下几步策略值得尝试：

1. "标杆"建设策略与概念目标

概念目标是指目标不清楚，无法具体设定，需要找准目标方向的模糊目标。在垃圾分类监管治理之初，能够建立的只是概念目标。

---

❶ 杨天才，张善文，译注．周易[M]．北京：中华书局，2011．

因此面对一定的模糊性，"标杆"建设是垃圾分类监管治理启动阶段可以选择的策略。它代表着管理者能够巧妙地利用一切可以被开发和利用的资源，包括人、物和事，也包括无形的资源，如信息资源和关系资源，他们都是管理者眼前实实在在的东西。如此，"由内而外"的变革才会产生。在此策略下，相应的政策工具可以选择行为规范、行为标准等适合小尺度、小范围创新和实验的工具。工具因小而灵活，而管理工具则可以选择任务考核以及经济绩效奖惩、声誉激励等。"标杆"策略及相应的工具选择能够充分地发挥"滚雪球"效应，不断将合适的资源卷入，不断地研发越来越合适的工具，以匹配刚刚起步的概念目标。从湖州经验来看，单位强制性分类是"标杆"建设策略和概念目标并建下的产物，值得深究和借鉴。

2. "监管治理空间"营造策略与规范化目标

规范化目标是指在一定可控性的范围内，管理者在已经了解管理对象的行为和熟悉管理环境的特点后制定出具有约束力和鞭策力的规范，并以此规范设立合适的目标，推动空间内行动者直接或间接的互动关系，往设定的目标方向前进。规范是一种语言，包括显性和隐性的语言。"监管治理空间"营造的策略有利于语言风格的确立、"刚柔"尺度的把握以及渲染或感染力等。因此，需要选择更多激励性的管理工具来实现和沟通。对于显性的规范，可以尝试相关标准、行动指南、行动计划和考核框架等。对于隐性的规范，则可以尝试更富自我创造性的激励工具，如相关的动画、文学、诗歌、故事，以及基于互动的各种活动的开展，如研讨会、现场会等。规范化目标设定本身是一个不断演化的过程，它不断让"监管治理空间"显现边界特征和特色资源，但同时充当"公共空间"的角色，让更多简单、巧妙的创举能生发，又能产生快速而直接的效用，具有很强大的辐射能力。从湖州经验来看，将单位强制性分类的经验效应辐射到湖州市各个行业，包括文化教育业、旅游业、商业等，并根据各行业的边界和特点设定相应的规范化目标，是一件成功创举，值得深究并借鉴。

3. 垃圾生命周期管理策略与制度化目标

制度化目标是指地区范围内的制度化法律体系、操作体系、考核体系的设立，是具有专业性、分析性、结构性、整体性、控制性的行动框架的基础。虽然制度化也是一个不断演进的过程，但制度化目标可以不断推动集体行动往规模化和高质量化方向发展。基于垃圾生命周期的管理是垃圾分类监管治理发展到一定规模，已经形成了一定的前后衔接链条后应该选择的策略，它代表着管理者有能力并已经能利用一定的管理机制实现稳定的管理。从垃圾资源的角度看，是全产业链的管理，从垃圾污染压力的角度看，是全过程的控制和发展。从湖州的实践来看，地方政策不断贯穿于垃圾分类全产业链的制定、处理过程的全程监管是十分有用的。如目前，湖州市已经通过"静脉产业"地方政府政策，使得整个静脉产业在稳步有序发展，也促进了不少企业的资源化转型。

智慧监管是制度化目标实现的重要运作机制，它对于基于垃圾生命周期的处理链条的监管起到至关重要的作用。正如我们在前一章中详细讨论的智慧监管，它是一个基于不断实践和优化的过程。利用先进的科学技术只是一方面的优势，更重要的是技术和管理逻辑的耦合和自洽。同时，通过"自下而上"的试验不断地往区域尺度的整体系统化方向发展，以求得更全面、更有控制力的监管能力。智慧监管体系的优化有其一定的理论性和结构性，我们在融合技术和管理逻辑的过程需要重视其"应然性"，系统优化一直在路上。

4. 协商策略和教育策略下的长效目标

长效目标是指在一定的稳定性下能长期有效地发挥效用的目标，也表示着监管治理到了"理顺"的状态，它可以自我稳定地良性运转下去，也表明事物发展已经接近本质。虽然长效目标需要时间来检验，即不断地通过一些策略和工具的选择来验证当下实践的合理性，可以为长效目标的实践提供保障。基于社区倡导的协商策略对于一些棘手问题的解决十分有效。如垃圾分类中的邻避效应，它将焦点从问题的冲突点引开，颇具剑走偏锋的风范，从动之以情、晓之以理的角度，使当事人的态度发生根本性的转变。协商本身就是一个柔性过程，需要积极的管理工具的使用，用积极的力量柔性地改变一个矛盾或纠纷，可以降低管理成本和未来问题的代价。在湖州的实践中，通过社区倡导的协商策略，管理者获得了前瞻性的解决邻避效应的方法工具，即修改地方物业法规，通过事先的科学规划，使垃圾分类设施、站点在小区建设时就考虑好并建设好，使其在被使用前能合法合理存在，免去了后续大量纠纷的产生。

教育是垃圾分类放对地方的最重要的策略[1]，它最终服务于文化和价值观，激发人们的保护动机、集体主义文化和生态文化观，更能唤醒优良的传统文化。教育需要总动员，无论学校、家庭、社区以及更大的社会层面，教育能让各种的资源充分发挥文化和价值观塑造的力量，是最有机会发挥"十八般武艺尽显神通"的路径。垃圾分类的教育是"千年大计"，有关生态文明建设的有效性。湖州的实践表明，教育所积累的文化资本是垃圾分类体系建设获得优异成绩的重要原因。但鉴于公共管理绩效考核的影响，相关教育的不被重视很可能会发生。那么，一种内在的"非考核"驱动的动力就显得至关重要。有一种"看得远"的绩效表达就是："教育的受益者是自己和身处的社会"，让我们为子孙后代的幸福而关注当下垃圾分类的教育吧。

6.1.3 "小惩大诫"——监管的效用

"小惩大诫"出自《周易》："小人不耻不仁，不畏不义，不见利不劝，不威不惩。小惩而大诫，此小人之福也。"[2]意思是，无才无德则不知羞耻也不讲仁爱，不畏惧真理也不行道义，不见利则不知勉励自己，不临之以威行则不知惩戒其过，如果能通过"受小小

❶ Mello B P，da Silva J C，de França Roque B，et al. Your Garbage in the Garbage-It is Necessary to Educate to Aware Awareness[J]. Journal of earth and environmental science research，2021（3），2021，148.

❷ 杨天才，张善文，译注 . 周易 [M]. 北京：中华书局，2011.

的惩戒而得以警惕大事，那么会因此而得福"。这里的小人并不特指某人，更多的是指一些不合规的行为。在垃圾分类的监管治理中，就是指没有达到垃圾分类效用要求的各种行动。当然，各种不合规行动的背后都有相应的当事人。因此，监管是必要的并且要有效用，而效用最佳的表达是"小惩大诫"。这充分表达了垃圾分类监管治理的第三个要素："小惩大诫"式的监管效用。

"小惩大诫"式的监管效用也是监管治理的内涵表达。正如前面所阐述的，一味地"监管"会带来僵化和高成本，也会因为过高的监管压力导致"实让位于虚"。而一味地"治理"则会带来去中心化的涣散，也会因监管权力的弱化导致"刚柔不和"。监管和治理的结合而形成的"监管治理"是一种新管理范式的尝试。"小惩大诫"表达的是刚刚好的状态：适当的监管，广泛的自我治理。那么，如何在管理现实中做到"小惩大诫"呢？湖州实践中，我们发现两点做法能够体现"小惩大诫"下的监管效用。

一类是有形的"小惩大诫"，主要来自行政执法的力量，是对不规范行动的一种实实在在的惩罚。对于社会治理相关的事务，地方政府往往通过整合相关的监管和治理力量，重新组合成一个新的管理团队，通常命名为"××办公室"，如河道治理，有一个"河长办公室"。对于垃圾分类的监管治理，在当地一般称之为"垃圾分类办公室"。由于每个地方的行政体系不同，办公室的人员结构和挂靠单位各有不同。一般而言，传统的监管机构自然成为监管主体机构，他们依然充当主导者的角色。在垃圾分类治理领域，虽然环卫部门和垃圾分类的关系更大，但是从传统部门的设置、权力和资源的基础上来看，我国的垃圾监管基本上是住建系统主导的。但住建部门只是行政部门，不具备执法的惩戒力量。因此，我们通过湖州实践发现，将"垃圾分类办公室"挂靠在属地执法部门或管理团队成员更多地引入行政执法的力量，由其配合相关的倡导、宣传或教育工作，其"小惩大诫"的监管效用就非常高。这是因为，行政执法可以对相关的违规行为进行直接、有威慑力的劝诫或惩罚，发挥"小惩"而"大诫"的作用。

　　另一类是无形的"小惩大诫",来自社会压力的力量,是通过良好文化氛围的培养和教育而不断提高的道德意识水平而进行的"精神惩罚"。它使"受罚者"感到道德焦虑从而反思自己行动的道德性和合理性,并进行改正。红黑榜就是这样的一个社会性"小惩大诫"机制。中国是一个人情社会,即使是在城市中,人们渴望熟人关系的构建和支持,这也是人之常情,因为人归根结底是社会性的,无法依靠纯粹的经济关系而孤独地生活。社会网络是一张无形的网,当红黑榜上出现自己名字或自己的行为不规范受到他人的"指手画脚",哪怕是善意的"指点",当事人都会感到一种类似于"小惩大诫"的压力。信用机制也是一种"小惩大诫"。当一个人的垃圾分类行为不规范,并被纳入社会不良信用记录中时,他的其他与社会互动的利益就会受损。如商家无法获得小额贷款,个体会有"不良市民"感受等。如此"小惩"都能促使相关当事人从"私域私利"的视角走出来,往"公域利他"的视角方向看,从而改变他当下的思考和行为方式。这些由文化和价值观的倡导背后抽出来的"鞭策力",最后都会以"润物细无声"的方式反馈到社会行动体系中。

　　"小惩"和"大诫",犹如"实"和"虚"、"刚"和"柔"的关系,是明显的对立统一关系。在管理现实中,如何找到合适的"小惩"尺度,使其发挥"四两拨千斤"的作用? 就涉及本地化机制的应用问题。湖州经验中所倡导的基于本地的监管治理和本地化构建与长效机制的结合中能够找到合适的"小惩"尺度。如发挥本地领导人的作用,让有影响力的人充当告诫的角色,联合物业、业主委员会、街道的力量形成一定的权威行为压力,以社区为空间"推动"整体的垃圾分类效果,等等,这些都是合适的"小惩"尺度。甚至向党员"开火",作为行为先锋,如果党员没有做到规范的垃圾分类工作,需要运用谈话和告诫甚至其他制约手段。另外,其他的利益相关者也需要合适的"小惩"尺度,如拾荒者和环卫工人,他们的失误或工作的错误，需要合适的惩罚。市场本身也应受到相应的"小惩"，如资源约束性合同的实施。湖州实践中发现，对于一些公共设施，常常因为阶段发展的不同或使用条件的变化被闲置，如适合做垃圾分类的驿站空间、一些仍然可以用的设施设备等，如果这些资源不被释放出来，意味着需要新的投入成本和浪费原有的资源，存在"反公地悲剧"的逻辑。政府和市场通过一种合适的协商合同，是可以高效利用这些资源的，但资源使用者并不是无条件使用，而是应该包含一定"小惩"尺度的约束性使用，才能真正发挥资源的效果。

6.1.4 "往来变通"——构建创新的解释性维度

"往来变通"出自《周易》："天下同归而殊途，一致而百虑。日往则月来，月往则日来，日月相推而明生焉。寒往则暑来，暑往而寒来，寒暑相推而岁成焉。往者屈也，来者信也，屈信相感而利生焉。尺蠖之屈，以求信也；龙蛇之蛰，以存身也。精义入神，以致用也；利用安身，以崇德也。过此以往，未之或知也；穷神知化，德之盛也。"❶意思是，天下的人都有一个共同的归宿，只不过是走着不同的道路而已，即虽然各自心中的想法各不相同，但也都能到达同一个地点。犹如太阳西下月亮升起，月亮落下太阳升起，太阳和月亮相互推移就产生了光明，同样地，寒暑相推就成了岁月。"过去"和"往来"犹如一屈一伸，两者互相感应，有利的因素就产生了。自然万物都一样，无论是尺蠖还是龙蛇。为了有效用和安身立命，我们需要不断地"往来变通"，使事物的道理不断地被精研和推磨，使自己的道德修养不断地被提高。这样不断的精研和推磨，才能穷究事物的神妙，了解事物的变化，德业才会繁盛。体现在垃圾分类监管治理的情境中，则充分表达了，再复杂不定的事物都有其相应的道理，只要我们不断地通过"往来变通"而精研和推

---

❶ 杨天才，张善文，译注. 周易 [M]. 北京：中华书局，2011.

磨其中的道理并不断地培养生态文明的德业就能找到合适、有效用和长效的发展机制。"往来变通"即不断地"创新",这充分表达了监管治理的第四个要素:创新的解释性维度。

"构建创新的解释性维度"最初由美国的理查德和迈克尔在《破译创新的前端》一书中提出❶。他们认为创新的前端是一个模糊的过程,而政府的监管活动往往具有一定的僵化性,喜欢用"分析性维度"来思考和执行,如关注指标、数据和目标等。但事实上,对于一些复杂事物而言,分析性维度往往带来失败,因为它很难促使创新的产生以应对不确定和动态性,因此需要通过解释性维度来引导和管理创新。而解释性维度更关注对话、更包容歧义、更注重探索等在"往来变通"中的精研和推磨。在书中,作者分析了美国大量存在的政府监管对创新的影响,包括对 FCC 和 FDA 的监管体系的研究,指出监管过程中构建解释性维度对创新而言具有积极的意义。

创新的解释性维度的构建,从"往来变通"的涵义来看,即是创新的公共空间的构建。对于垃圾分类而言,是让监管治理的过程成为一个公共的、对话性的空间。"公共空间"不仅是指物理上的公共空间,更是指适合沟通和对话的营造空间,是一个应时应景式的公共空间。它尤其对创新的早期有用,往往创新早期最大的障碍是沟通,当沟通被阻止时,歧义、纯粹的误解或有意的投机行为都会产生。因此,垃圾分类监管治理的过程应该是一个独特的公共空间。

这个独特的公共空间等同于前述研究中发现的"监管治理空间"营造机制对于内部的横向和纵向沟通、内部与外部的沟通、外部之间的沟通以及相关的规则甚至是制度化的形成至关重要。如在垃圾分类监管治理的过程中不同规则建立,规则的建立就像语言,它有一套特定的规范,规范的创立或实施都有一定的模糊性,需要解释

---

❶ 理查德·莱斯特,迈克尔·皮奥雷. 破译创新的前端: 构建创新的解释性维度 [M]. 北京: 知识产权出版社, 2006.

的空间。如果相关利益者和行动者没有参与其中，就像一个外国人试图理解本地语言一样，不一定能以期望的速度理解或永远达不到完全理解。

监管治理的目标也是一个从小到大不断追求和实现的过程。在这个过程中，一些有影响力的积极行动者、特征显明的活动、标杆的树立等都十分重要。我们发现，湖州实践中，在垃圾分类推行之初，来自人大的干部不断地"穿梭"于监管治理的主导部门和各个被动员对象的部门，同时他们不断地将生活垃圾分类的提案提交给地方决策和立法部门。也有一些基层干部、行业协会领导人、社会组织等不停地充当"先锋行动者"，积极地和本领域、行业、社区等相关人员沟通并尝试各种创新做法。这些有影响力的行动者，他们或建言献策或答疑解惑，不断地为一步步目标的实现做出贡献。本研究也曾深入分析过标杆管理机制在监管治理中的作用，可以说，标杆的不断升级就是目标的不断前进，这也是很多不同的创新做法叠加的过程。因此，构建创新的解释性维度对于垃圾分类监管治理的规则建立、制度化过程、政策组合工具的研发和创新管理行动的产生等都十分重要。对于公共管理者而言，应该重视和享受"往来变通"中所带来的创新体验，而不是一味地强调标准、指令和绩效。而我们现在需要做的是：通过构建创新的解释性维度来平衡传统的以"分析性"为基础的管理过程。

6.2 基于"整体性"视角的协同治理机制思考

上述的"哲理性"思考，是从湖州实践出发探求一种"中国式话语"对于政府监管治理的关键要素的表达。在中国情境的现代治理体系中，文化基因依然深深埋在每个人的思想土壤中，以中国式话语的探讨开启垃圾分类的中国思考更有利于拉近理论与实践的距离。当然，从现代性话语的角度，我们依然需要一个符合现代政府管理的理论框架来探究中国式垃圾分类监管治理的前因后果：垃圾分类的监管治理，主导在于政府，政府通过加强监管，并在治理层面进行"监管治理"的整合和创新，其结果可以促使从自身管理效能、从社会分类投放到资源化处理、从教育宣传到观念成型、从政策的孵化落地到长效机制的形成等，整个过程吸纳各类社会主体建构成一张协同治理的结构网络。在该网络中，政府、个人、私人部门和非营利组织等以不同的影响度嵌入其中，充分发掘和动员它们各自的知识、资源和能力，朝着最优治理效果的方向前进。这个过程充分体现了一个政府主导的"整体性"治理，进而促进社会各主体的协同治理的过程。因此本节我们将从整体性治理出发，高于湖州实践本身，探讨一个基于治理能力现代化的垃圾分类协同治理机制框架。

6.2.1 理解"整体性"视角下的协同治理

1. 整体性视角下的协同治理概念内涵及特点

当将协同治理置于"整体性治理"视角时，我们发现由赫尔曼·哈肯创建的"协同学"与"治理理论"有机结合而产生的"协同治理"交叉概念十分符合对于协同治理的解释。他认为，协同治理可以充分地发挥两者的优势。一方面，协同治理需要发挥协同的作用，即通过协同使系统趋于稳定与有序，最大化系统的功效，并创造演绎出局部没有的新功能[1]；另一方面，协同治理也需充分发挥治理的作用，是使相互冲突的不同利益主体相互调和并采取联合行动的持续的过程[2]。该概念强调了打破公共部门和私人部门之间的刚性边界，将自上而下与自下而上的管理过程有机结合起来，在实现部门功能互补的同时共同参与到社会管理之中。

[1] 何水. 协同治理及其在中国的实现——基于社会资本理论的分析 [J]. 西南大学学报（社会科学版），2008（3）：102-106.

[2] 黄思棉，张燕华. 国内协同治理理论文献综述 [J]. 武汉冶金管理干部学院学报，2015，25（3）：3-6.

通过仔细辨析以上概念，不难发现协同治理其明显的特点。第一，协同治理的基本出发点是治理主体的多元化，政府部门不再是社会管理和公共服务的唯一供给方❶；第二，协同治理属于正式的制度安排，各组织机构有正式的业务交流和工作联系，且这些联系无法随意中止，这是协同治理与非正式的多元互动相区别的一点❷；第三，虽然政府在治理过程中有最终的决定权，但是治理决策还是以各利益相关者的一致同意为导向❸，避免多数人受益而少数人受损的现象，以达到经济学意义上的帕累托最优；第四，协同治理主要解决公共治理方面的问题，会对社会产生较大的影响，这使得协同治理区别于其他采用一致性决策方式解决问题的理论❹。

现实情境中，随着我国社会治理体系的不断完善，政府的治理理念越来越向服务型政府靠拢，以逐步构建一张张的整体性社会治理网络。垃圾分类作为一项与人民健康和生活质量水平息息相关的公共管理问题，毫无疑问成为探索构建整体性治理网络的前沿阵地。同样地，其背后协同治理机制的探究成为一个关键的管理问题。

2. 协同治理的机制模型（SFIC 模型）

为了更好地探究协同治理机制以及其背后的影响因素，研究者和实践者都需要一套相对一致的理论分析框架。SFIC 模型（SFIC 是"协同治理"的四大核心部分英文词——starting condition，facilitative leadership，institution design，collaborative process 的首字母缩写）是一个协同治理领域基于实践经验的经典模型，是由安塞尔和加什对 137 个来自不同国家、不同领域的案例进行质性分析得

❶ Ansell C，Gash A. Collaborative governance in theory and practice[J]. Journal of public administration research and theory，2008，18（4）: 543-571.

❷ Osborne S. The New Public Governance?[J]. Public management review，2006，8: 377-388.

❸ Walter U M，Petr C G. A template for family-centered interagency collaboration[J]. Families in society，2000，81（5）: 494-503.

❹ Morse R S，Stephens J B. Teaching collaborative governance: Phases，competencies，and case-based learning[J]. Journal of public affairs education，2012，18（3）: 565-583.

到的经验性模型，其分析框架如图 6-1 所示。模型主要有起始条件、催化领导、制度设计和协同过程四大核心部分 ❶，接下来我们将对该模型做一个简要的述评。

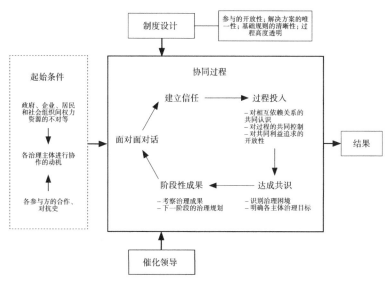

图 6-1 协同治理的机制模型（SFIC 模型）

1）起始条件

起始条件是指治理系统在协同前面临的优势和劣势，主要内容包括各参与方在权力和资源的不对等，各方进行协作的动机，参与方的合作、对抗史，这些因素可能会推进协同治理，也可能为协同治理带来障碍。

在任何一个治理实践中，参与方权力和资源的不对等是普遍存在的，处于优势的一方在协同治理中拥有更多话语权，进而导致不平等问题的出现。这种情况的出现往往会挫伤劣势一方参与治理的

---

❶ Ansell C, Gash A. Collaborative governance in theory and practice[J]. Journal of public administration research and theory，2008，18（4）：543-571.

积极性，影响治理效益。安塞尔和加什认为，可能存在三种原因会造成这种情况：第一，协同治理中的部分组织团体无法真正代表个体行为者的利益；第二，参与协同治理有较高的知识或技术门槛，一些针对复杂问题的讨论无法将全部行为者纳入其中；第三，部分参与方没有充沛的精力、时间和自由来加入协同治理 ❶。

除了权力和资源上的不对等会影响参与者的积极性，还有其他因素会影响各方进行协同的动机。首先，组织和个体参与协同的积极性受其对协同成果预期的影响，如果参与者意识到自己的协同行为和政策产出之间存在直接联系，那么会大人增加其参与热情；其次，如果参与者之间存在高度的相互依赖关系，治理的成功建立在相互合作上，则其协作意愿会更大。

协作各方的合作和对抗史对协同治理的成功与否会产生复杂的影响。一方面，如果各方存在较为成功的合作经验，各方具有一定的信任基础，会对协同治理产生积极的影响；另一方面，若各方存在对抗史，协同治理可能会因信任的缺失而受到负面影响，但是如果各方的依赖程度较高，矛盾纠纷的历史经验也可能防止损失进一步扩大。

2）催化领导

由于治理过程中会面临着许多冲突性较强的问题，催化领导在培养协同精神和提高治理效能上起到了不可或缺的作用。有效的领导既可以在制定准则、建立信任、促进合作上发挥关键作用，也可以使各方的权力关系达到稳定平衡的状态，各行动者都能在协同中获利。瑞恩认为，有效的领导力应该具备三个条件：可以适当地管理协同的过程；可以形成具有说服性且被其他行为方认同的决定；具有"技术权威性" ❷。

❶ Ansell C, Gash A. Collaborative governance in theory and practice[J]. Journal of public administration research and theory, 2008, 18（4）: 543-571.

❷ Ryan C M. Leadership in collaborative policy-making: An analysis of agency roles in regulatory research and theory negotiations[J]. Policy sciences, 2001, 34（3）: 221-245.

3）制度设计

制度设计是协同治理中的关键一环，它规定了协同行为的基本规范，保证了协同过程的权威性。在制度设计上，需要注意两方面的需求：一方面，制度设计应该保证协同系统的开放性，各个利益相关方都应该可以通过一定的渠道参与到治理中来；另一方面，制度设计应尽量使各方的行为清晰且透明，既可以消除对不公平性的顾虑，使各参与方有明确的角色和职责，也可以获得平等的发言机会。

4）协同过程

协同过程是协同治理的核心内容，安塞尔和加什认为，协同治理并不是一个线性的过程，而是一个呈环形的结构，各个环节相互影响。两位作者将协同治理过程总结为以下五个部分，分别为"面对面对话""建立信任""过程投入""达成共识"以及"阶段性成果"。面对面对话是协同发生的基础，作为一个以"共识"为导向的环节，对话是各利益相关者打破壁垒、找寻互利机会的关键，促进了行动者对共同利益的探索，为建立信任和相互尊重提供了机会。值得注意的是，面对面对话是协同的必要条件，却不是充分条件。大多数的协同治理都是以薄弱的信任基础为初始条件的，建立信任是一个耗时耗力的过程，需要通过长期的介入与沟通。如果行动者有明显的纠纷史，建立信任便成为协同过程中的重点与难点。各主体协同过程的"投入"程度，是影响协同成果与否的重要变量。协同治理往往是一个漫长的过程，各个主体在通过面对面交流、建立信任和保证"投入"之后，必须要就治理过程达成一个"共识"，同时为了激励各参与方能持续地加入到协同中来，设立一些"阶段性目标"是很有必要的。

6.2.2 城镇生活垃圾分类的协同治理机制框架

1. 协同治理机制中的生活垃圾治理参与主体

我国政府正竭力向服务型政府转型，以追求公共利益和群体普遍共识为目标，为公共需要制定有效、负责和公平的协同治理方案。城镇生活垃圾治理问题关系到每个城市居民的切身利益。从垃圾治理的生命周期来看，整个过程涉及居民、企业、政府和各类社会组织的协同参与，是一个开放且复杂的系统性工程，如图 6-2 所示。各利益相关方以特定的方式参与到治理之中，通过职责划分获得了相应的话语权，并在交流和行动中形成了一个共同的利益集合。

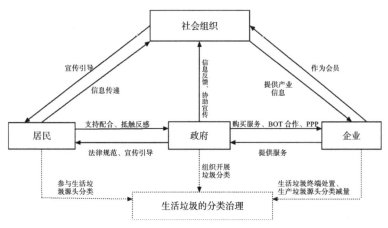

图 6-2 协同治理机制中的生活垃圾治理参与主体及其行为特点

政府拥有独一无二的信息和资源优势，在生活垃圾的协同治理中起主导作用，同时其期望达成的治理目标也更具系统性。总目标是要实现生活垃圾的减量化和资源化，这一过程中既要为治理提供制度、法规政策和经济上的保障，也要推动城市居民形成良好的分类及回收利用意识。政府通过宣传推广分类理念、加大分类处理的投入力度和制定相关的法律法规等方式参与到生活垃圾的协同治理中。虽然这些主导性的工作在治理中起到了领航式的关键作用，但是治理的最终效果并非由政府决定，其他主体的行为也至关重要。

居民是生活垃圾协同治理的重要参与者。一方面，作为垃圾治理的直接受益者，城镇居民普遍追求更美好舒适的生活环境，治理的目标与其利益是高度一致的。另一方面，作为垃圾分类投放的主体，其参与源头减量的程度决定了生活垃圾源头减量治理的成败。居民主要通过三种形式参与生活垃圾的协同治理。首先，他们是垃圾分类的践行者，通过日常的行为参与到治理的最前端；其次，生活垃圾的协同治理为居民参与决策提供了渠道，居民可以通过各种公众咨询委员会等形式参与到生活垃圾分类决策中来；此外，居民还可以通过监督其他参与方的行为参与到生活垃圾的治理中来，为协同治理的有效进行提供保障。

企业主要在源头减量和回收利用两个阶段参与到生活垃圾的治理当中，通过三种方式被纳入协同治理之中：一是通过政府购买服务，湖州实践中的"虎哥模式"就是典型代表，政府利用了社会资本来撬动分类力量；二是通过 BOT、PPP 模式，引入市场力量建设生活垃圾处理终端，为生活垃圾资源化和无害化注入新活力；三是在生产和回收行为上参与垃圾分类，例如在生产过程中规范垃圾分类行为、减少塑料包装的使用、引进可再生利用原料等。

社会组织指非政府、不以营利为目的，独立于政府和商业组织的专业组织。社会组织的参与是对垃圾治理体系的重要补充，这些组织一方面可以收集公众和企业的要求，并向政府部门及时反馈，另一方面又向公众、企业传递和解读政府的政策信息。社会组织既具有政府服务于公众的宗旨和统筹规划的思维，又有企业组织的专业知识和效益观念，还具有企业和市场都不具备的志愿精神❶。在生活垃圾的协同治理中，社会组织参与治理的方式较为多元化，在政府、企业和居民之间扮演着"桥梁"的角色。它既可以向居民提供垃圾分类知识的宣传服务，也可以为政府制定规制标准、规划设施建设时提供有效信息与建议，还能为从事垃圾回收利用和终端处理的企业提供科学的咨询服务。

---

❶ 鲁圣鹏，杜欢政，杨静山，陈健文.政府购买垃圾分类减量促进服务实现路径研究——以广州市荔湾区西村街道为例 [J].中国环境管理，2018，10（3）：77-83.

2. 城镇生活垃圾协同治理的程序演绎

为了深入理解生活垃圾的协同治理是如何调动各利益相关者的资源并产生协同效应的，需要对其治理程序进行系统的研究。协同治理程序可被视为各行为主体都认可的行动规制的制定与执行过程❶。上文的 SFIC 模型为我们研究垃圾分类的协同治理机制提供了理论框架，该模型具有良好的延展性和运用基础，但是该模型也存在一定的缺陷。安塞尔和加什是基于大量的案例研究得到的 SFIC 模型，基本是在密闭的状态下得到的，因此该模型还未考虑到外部环境对协同的影响。事实上，在实践治理中，尤其是生活垃圾治理这种涉及生态、科技、政治、社会等因素的公共管理问题，还应该在治理中纳入对外部环境因素的分析与思考。因此，我们将对上文的 SFIC 模型进行适当的扩展，如图 6-3 所示，将外部环境因素纳入其中。我们认为对协同治理有影响的外部环境因素包括政治环境、科学技术、法律政策、自然环境等，且这些因素与协同主体之间的影响是双向的，外部环境既可能促进协同进程，也可能阻碍协同进程。同时，上一阶段的协同结果会对下一步协同的进程产生影响❷。接下来，我们对城镇生活垃圾分类协同治理的程序进行系统的演绎。

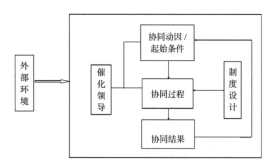

图 6-3　外部环境对协同治理进程存在影响

❶ 韩文静，张正峰. 中国农村妇女土地权益维护困境及协同治理模式探究 [J]. 中国土地科学，2019，33（3）：34-41.

❷ 蔡敏生. 协同治理视角下广州市生活垃圾分类处理研究 [D]. 华南理工大学，2018.

1）外部环境

生活垃圾的协同治理作为一个系统性过程，外部环境中的政治、经济、科技和社会等要素对系统会产生较大的影响。

随着人民生活水平的进步以及"垃圾围城"现象的不断恶化，我国越来越重视生活垃圾的治理，废物再利用和垃圾分类处理已成为具有现实意义的政治倡导。2020年实施的《中华人民共和国固体废物污染环境防治法》为生活垃圾的治理提出了更高的要求，固体废物的"减量化、资源化和无害化"治理上升为更高一层的国家政治意愿，有利于"推进生态文明建设"这一政治目标的实现。在生活垃圾的治理上，各城市基本上都具有较为稳定的政治条件，且可被称为"合意治理"，即国家意识形态与政治价值倡导是否与治理主体的意愿之间存在一致性❶，为生活垃圾的协同治理提供了坚实的政治保障。

一座城市能否展开有效的垃圾协同治理，经济是十分重要的因素。一方面，经济的发展刺激了人们的消费，城市居民生活习惯的改变以及生产的扩大造成了生活垃圾的增长，为生活垃圾的治理提出了要求与挑战。学者杨凯等将环境库兹涅茨曲线原理运用到生活垃圾的分析之中，发现城市固体废物和经济发展情况之间存在"倒U"形的关系，即经济发展的早期，生活垃圾的产生会逐渐增多，随着经济的持续增长和收入水平的提高，会出现固体废物的拐点，城市环境质量将随后逐步改善❷。事实上，我国大多数城市的经济发展都已经进入了应当加强环境保护、推进垃圾治理的阶段。另一方面，经济发展为垃圾治理提供了物质保障，从基础设施的投入成本到系统日常的经营和维护费用，都需要大量的经济投入。

科学技术的发展是提高垃圾处理效率、节约治理成本的关键。优秀的管理方法必须要与现代先进技术相结合才能发挥最大效用。

❶ 孙旭友，陈宝生. 国家—农民关系变迁中农村垃圾治理的实践转型与框架建构 [J]. 江西社会科学，2019，39（9）：219-225，256.

❷ 杨凯，叶茂，徐启新. 上海城市废弃物增长的环境库兹涅茨特征研究 [J]. 地理研究，2003（1）：60-66.

以湖州市的垃圾治理为例，其在强调治理方法的同时还未忽视科技的赋能作用，除了在末端处理上尽可能地采用清洁、污染较少的科学方法，还采用了"人工智能＋""大数据＋""地理信息＋"等技术，逐步实现传统的人为管理向智能化、大数据管理转变，以"智慧化"助推湖州市垃圾分类工作走向精细化、高效化、全面化管理。

从社会环境来看，目前广大群众对生态环境治理，包括垃圾分类科学治理的需求已十分迫切，"绿水青山就是金山银山"的理念已深入人心。总体来看，我国实行生活垃圾分类协同治理的社会条件是较好的，以湖州市为代表的城市生活垃圾分类的试点也向我们证实了这一点。据统计，到2020年底，我国46个重点城市已基本建成垃圾分类处理系统，2025年底前全国地级及以上城市将基本建成垃圾分类处理系统。但是当涉及具体城市的垃圾分类协同治理时，情况往往是复杂的，还需考虑该城市的社会环境特点，才能做进一步的分析和规划。

2）起始条件

由于生活垃圾处理的特殊性，为了解决"垃圾围城"的现象，采取协同治理是必要的。从协同治理的初始条件来看，需考虑三方面的内容：各主体间权力和资源不对等，各主体参与治理的动因，各主体间最初的信任程度。

首先，在参与生活垃圾协同的行动者中，权力和资源的不对等是普遍存在的。具体来看，政府在整个治理过程中拥有着较大的信息、资源和能力优势，对居民、企业和社会组织是权威性的存在。虽然居民、企业和社会组织在权力和资源上与政府有较大的差距，但是他们在生活垃圾的协同治理中又具有独特的优势。例如企业的组织力、居民的行动力以及社会组织的宣传力等。资源和权力的不对等往往会带来部分行动者的消极参与。例如，拥有行动力的居民因为缺少组织力，会认为个体的行为不会对整个治理体系造成太大的影响，产生"我少分一次类不会造成大问题"的想法，进而降低治理效果。

其次，生活垃圾的协同治理要明确相关利益者的激励机制。对于政府而言，解决"垃圾围城"问题、美化市容市貌、保护生态环境本身就是一项影响民生的大事，政府有充足的动因参与垃圾治理。对于企业而言，其收益主要来自政府补贴和垃圾回收利用带来的收益，若政府能为企业提供一定的优惠政策或企业能在回收市场获得可观的回报，企业会积极地参与生活垃圾的协同治理。对于社会组织而言，其一般以公共利益为准则，相对独立于政府和企业，没有固定的收入来源。目前，参与生活垃圾治理的社会组织的资金大部分来自于政府购买服务，部分来自于企业和个人的捐助。社会组织要增强其独立性和自主性就必须要减少对政府资金的依赖性，以企业和个人的捐助作为主要资金来源，这就要求社会组织要提高其社会影响力，这也是其参与生活垃圾协同治理的原始动力来源。对于居民而言，很多人在治理过程中是缺少参与分类投放的内在动力的。建立居民参与垃圾治理的激励机制是协同治理的一大难点，除了发布权威性的行为准则、强制要求居民规范投放垃圾，还应该考虑居民在治理过程中的经济收益。例如，在湖州市的治理实践中，政府引入了"积分商城""菜篮子"等形式，居民能在分类投放中获得经济收益，进一步加强了其参与生活垃圾协同治理的动力。

最后，协同治理的初始条件还应关注各参与主体间的信任程度。事实上，除了生活垃圾分类治理外，政府、企业、居民和社会组织还涉及其他公共事务的协作。各参与主体之间有丰富的合作史，存在一定的信任基础，这有利于在生活垃圾分类领域展开协同治理。此外，生活垃圾分类的治理并不是一个阶段性的工作，而是一项长期且持久的系统性工程，参与方的相互信任是保证协同发生的前提，也是形成长效机制的基础。

3）催化领导

在生活垃圾的协同治理中，领导起着催化作用，是连接各参与方的沟通桥梁，通过提高各方的磨合程度，帮助各主体之间建立信任，促进各主体达成共识。在垃圾的分类治理中，政府拥有绝对的资源优势，担任着这一重要的角色。它既可以承担较高的成本责任，也拥有着与企业、居民和社会组织进行沟通协调的能力，可引导各方协同共进。政府在生活垃圾分类治理中发挥领导作用时，应该注意以下问题：第一，生活垃圾治理是一个系统性工程，其中涉及垃圾的源头减量、收运与处置、垃圾分类的教育与宣传、小区和企业的垃圾分类管理、再生资源的回收系统建设等内容。各处理环节又需要有众多的职能部门参与，包括城市管理部门、教育部门、住建部门、工商部门等。充分发挥政府的领导力，寻求更高位的领导组成类似于"项目经理"的领导结构模式，可以促进相关部门的各种资源的优化配置、问题的协调和任务的协同。第二，为了促进生活垃圾治理中各参与方的协同，政府需适当增强对弱势方的扶持，对参与垃圾分类治理的企业、社会组织、拾荒者等给予一定的资金支持和政策倾斜。第三，居民是生活垃圾治理中的关键一环，政府应加强对居民垃圾分类行为的引导，调动其参与垃圾治理的积极性，使之完成从"要我分"到"我要分"的转变。

4）制度设计

生活垃圾协同治理的持续推进不仅需要催化领导，为了保证各参与方能积极地参与生活垃圾的协同治理，还需制定清晰的规章制度以实现各方行为的程序正当性，同时加强协同过程的透明度以促进信任关系的建立。有效的治理制度能扩大垃圾治理的覆盖范围，激励社会各界和广大居民的踊跃参与。生活垃圾的多方共治中有许多优秀的制度案例，如嘉兴的"两型一网模式"、台州的垃圾"差异化"收费制度、湖州的"智治力"推动等。为了支持制度的设计，最大化制度效能，生活垃圾的协同治理要求制定完善的法规标准，构建有效的组织机构，并加强协作治理各环节的引导监督机制建设。

制度的设计与落地需要政策法规的规范支持，以湖州市的实践为例，为了使生活垃圾的协同治理做到有法可依，湖州市围绕"1+4+10"政策体系，先后编制《湖州市城镇生活垃圾分类和资源回收利用中长期发展规划》1个规划、《湖州市生活垃圾分类实施方案》等 4 个方案和《关于限制一次性消费用品的工作意见》等 10 个配套文件，规范了政府部门、企业和居民等参与者的行为，由此确认的分工责任制度和考核机制保证了治理目标的清晰性和分工的明确性。

制度设计中，除了需要法规标准的支持，还应保证组织结构的合理性。尤其对于政府而言，优化机构设置是生活垃圾协同治理的重点。政府的垃圾分类办公室、领导部门、行政部门、监督部门等根据地方特色灵活地调整内部组织架构，优化顶层设计，推动垃圾分类治理的持续展开。除了规范参与者内部的组织框架，为了保证生活垃圾协同治理的效率，还应注重各参与者之间的组织设计。例如某些城市为了加强政府和居民之间的沟通，充分发挥居民的知情权、监督权、表达权和参与权，成立了由专家和公众代表组成的城市固体废物处理公众咨询委员会，居民可以直接参与垃圾分类处理的决策。

在协同治理的前期，各行动者面临新的治理制度时，难免会存在一定的行为惯性和侥幸心理，进而做出违反法规标准的行为，因此制度设计中的督导机制建设是不可或缺的。在生活垃圾的协同治理中，各参与方的关系是双向的，并不存在一方对另一方的绝对控制，这对督导机制的完善提出了要求。以政府和居民为例，虽然政府是以领导者的身份参与生活垃圾的治理，但是大多协同治理制度都会为居民提供监督和建议的渠道，对政府的工作提出反馈。政府对居民的督导工作表现更为广泛，一方面，政府对居民的垃圾分类投放行为有监督权；另一方面，政府又有引导居民正确开展垃圾分类的义务。健全完善垃圾分类的督导机制在拉近政府与群众距离的同时，也可以表明政府推进生活垃圾分类治理的决心，有利于政府与居民之间形成良好的信任关系，营造"政府推动、全民参与"的治理氛围。

5）协同过程

在生活垃圾协同治理的程序演绎中，除了考虑外部环境、明晰协同动因和领导力、设计规章制度等，还需探讨协同过程这一最核心的内容。协同过程这一部分描述了各个行动者在系统内是如何通过互动与磋商形成共识，并从共同目标出发，根据自身的资源优势采取行动，最终实现阶段性的协同结果，而后系统又在这一结果上展开下一阶段的协作。SFIC模型将协同治理的过程简化为一个环形过程，我们将从这一环形过程出发，分析在生活垃圾分类协同治理中，政府、居民、企业和社会组织是如何在交流中实现协同共治的。

第一，生活垃圾分类的协同治理是从各参与方的面对面对话开始的。直接对话有助于各方进行深度沟通，利于打破各行动者之间的障碍，进而实现共赢。当政府、居民、企业和社会组织进行面对面交流时，各方可以在沟通中获得大量的信息：政府可以知晓居民和企业的需求，并在社会组织处得到专业性的建议，为政策和制度的设计提供参考；居民可在沟通中了解政府在垃圾分类治理方面的政策动态、企业在垃圾处理中提供的服务形式等，以便调整自身行为，融入到生活垃圾分类的协同共治中；企业作为垃圾处置服务的直接提供者，在沟通中可以了解群众的治理需求和政府的治理要求，并以此为目标开展企业的日常经营；社会组织是带有志愿精神的非营利机构，在与其他参与方的交流中，社会组织可以对城市生活垃圾分类治理情况产生现实性认知，为宣传引导、信息反馈、专业建议等工作提供基础。

第二，协同不仅仅是沟通的过程，更是各行动者相互建立信任的过程，面对面对话是协同的基础，建立信任是协同的保障。在生活分类垃圾治理过程中，只有当各参与方意识到彼此相互依赖时，各行动者才能建立较为深厚的信任关系，且信任的建立与沟通过程是密不可分的。以政府和居民在垃圾分类治理中的合作为例：居民生活垃圾的前端投放者也是治理的直接受益者，垃圾分类治理作为一项重大民生问题本就是政府的职责所在。垃圾分类的协同治理体系中，当政府意识到治理工作成功与否直接与居民的行为挂钩，居民意识到生活质量的水平与政府的工作直接相关，也就是双方存在较强的依赖性时，双方才有在治理中建立信任的基础，并通过不断的沟通达成长期的协作。一些生活垃圾治理案例体现了政府和居民间建立信任关系的重要性。例如2014年杭州的"5·10"事件，就是因为政府在进行垃圾焚烧发电厂选址时未及时向群众进行信息公开，造成群众对政府产生信任危机，进而发展成为较为严重的公共冲突事件。后杭州市政府组织了群众对焚烧厂进行实地考察，改变了群众对垃圾焚烧"污染大、环境差"的认知，又通过召开项目答辩会来回应群众的疑虑，最终在群众中重新建立了信任关系，解决了焚烧厂的选址问题。

第三，协同过程是各方投入的过程，参与者的投入热情是影响协同成功与否的关键所在。一般而言，理想政策的产生是基于各方以共赢为目标的诚信沟通，需要参与者以较高的热情投入到协同之中。在生活垃圾分类的治理中，参与者投入热情不足的情况屡见不鲜，许多居民参与垃圾分类是出于对法律义务的履行，部分社会组织参与协同是为了保证自己的意见不被忽略，这些都会使治理偏离理想效果。使参与者保持较高的投入热情往往要求其对相互依赖关系的共同认识，同时要注意"决策权的转移"，即各参与方应实现对治理过程的共同控制，并保证垃圾治理系统满足对公共利益的追求。如在基层组织管理中实行"嵌入性治理"，将"党政嵌入"和"激励嵌入"纳入社区分类行动指导和督促之中。"党政嵌入"强调"党领民办、群众自治"，通过"引、放、议、评"来调动市民的投入热情。其中，"引"突出了基层党组织对群众的引领作用；"放"强调了群众在治理中的主体作用，让市民做到"办其事、使其权、享其利"；"议"充分肯定了市民在垃圾治理中的决策权；"评"则强调了群众的自我监督。"激励嵌入"将各种形式的激励制度与垃圾分类治理相结合，将市民的实际利益与投入联系起来，调动其治理积极性、主动性与创造性。

第四，协同治理中，每个行动者都有各自的治理目标，需要找到各方利益的"最大公约数"并达成共识,才能使治理达到最好的效果,谋求不同利益行动者之间合作和相互依存的关键在于凝聚共识❶。社会学认为,共识的达成不仅涉及基本的经济基础(利益),还涉及系统的文化形态(价值),以及相关的制度规范(制度)❷,三者相互联系、相互作用。首先,在生活垃圾的协同治理中,制度设计是共识形成的必要条件。一方面,由习俗、道德规范和社会氛围确定的内部约束为共识的形成提供了基础;另一方面,由法律规范、标准条例等确定的外部管制为共识的凝聚提供了保障。其次,利益是矛盾和冲突的根源,只有在治理过程中解决利益问题,才能达成共识的凝聚,经过面对面的交流,政府、居民、企业和社会组织经过透明、规范的协商与沟通程序,挖掘出各治理主体的共同需求和利益集合。最后,思想价值影响了政府、企业、居民和社会组织在垃圾分类治理中的思维方式,反映了各参与方之间的社会关系和共识形态。思想价值是由外部环境中的文化因素所决定的,这也强调了理念宣传和价值培养的重要性。

第五,在生活垃圾的协同治理过程中,若在协同中获得了一些小的收获,这些阶段性的成果会为协同过程带来正向的激励。对于政府来说,当获得阶段性的工作反馈时,各部门可以根据评估反馈来调整目前的工作,提升工作效率。此外,当垃圾治理的部门领导在阶段性协同成果中获得正向的反馈时,可以获得较大的工作满足感,进而催化出更强的领导力,产生良性的协同治理循环。对于居民来说,其参与垃圾分类协同治理的主要动力是对生活品质的追求,当垃圾分类治理公布了一些阶段性的成效时,将有助于提高居民的协同积极性。对于企业来说,阶段性的成果既可以起到激励的作用,也可以根据该结果对下一期的治理经营做调整和规划。对于社会组

❶ 刘建军,李小雨.城市的风度:城市生活垃圾分类治理与社区善治——以上海市爱建居民区为例[J].河南社会科学,2019,27(1):94-102.
❷ 赵文龙,贾洛雅.社会共识机制与共识凝聚途径探析:一种社会学的视角[J].福建论坛(人文社会科学版),2020(2):178-190.

织来说，其目标之一是为生活垃圾的治理提供专业性的建议，考察阶段性的成果为其工作提供了参考。在湖州市的监管治理案例中，为了向公众展示垃圾分类的实际推进情况，市生活垃圾分类工作领导小组办公室每月都会发布检查通报，对该期的工作要点做出总结，介绍垃圾分类领域的重要信息，并对分类实施情况较好的单位做通报表扬，同时对存在问题的单位做出批评。通过治理信息及时、真实、有效的共享，提升各参与主体的参与热情和彼此的信赖程度，进而实现协同治理过程的持续发展。

6.2.3 城镇生活垃圾分类协同治理的机制要素

上述部分，我们分别从理解"整体性"视角下的协同治理概念内涵出发，详细地分析了城镇生活垃圾分类的协同治理机制框架，理解了垃圾分类作为一项系统工程，其通过社会协同治理所存在的主要条件和运行的工作原理。但生活垃圾分类治理的过程是对协同治理的一般理论与具体情境相结合的应用实践，不同的实践领域里的机制构建是有所差异的。因此，根据上文的内涵和机制框架分析，我们认为梳理出城镇生活垃圾分类协同治理过程中的核心机制十分关键。结合6.1节的"哲理性"思考和上述基于现代公共管理理论框架的思考，我们梳理了四个机制，它们贯穿治理的全过程，包括：信任机制、激励机制、沟通机制以及协调机制，如图6-4所示。其中，信任机制是协同的基础，为协同提供价值保障；激励机制旨在实现"目标协同"；沟通机制旨在实现"行为协同"；协调机制旨在实现"利益协同"。

1. 信任机制

正如学者罗伯特·罗兹❶所言，"如果说价格竞争是市场的核心协调机制，行政命令是等级制的核心机制的话，那么信任与合作则

---

❶ [英]罗伯特·罗茨：新的治理 [C]// 俞可平 . 治理与善治 . 北京：社会科学文献出版社，2000：95.

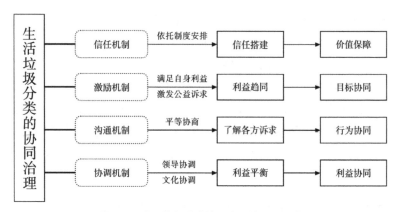

图 6-4　生活垃圾分类协同治理的机制要素

是网络的核心机制。"在生活垃圾的监管治理中，信任实际上是治理结构中各参与者之间的关系问题，可以理解为各利益相关方不会出于私利而做出有损合作关系的行为的期待❶。信任机制是生活垃圾协同治理的核心机制，贯穿治理的全过程。信任机制的构建可以为生活垃圾协同治理体系带来以下好处：首先，治理可以提高各治理主体合作关系的灵活性。当治理环境发生变化时，具有信任基础的治理系统能及时做出调整并解决矛盾。其次，信任也可以降低生活垃圾分类的治理成本。一方面，信任可以使垃圾治理过程中的信息沟通更加有效，减少由信息不对称造成的道德风险和机会主义问题；另一方面，信任会使治理系统产生自我监督和约束的效应，降低监督和执行成本。最后，信任可以促进各主体间的知识共享与相互学习。由信任带来的自由开放的交流氛围更有利于信息和技术的交流，提高生活分类垃圾治理的效率。

信任机制的构建过程是复杂的，学者帕克赫认为有三种产生信任的方式，分别是以制度、过程和社会文化为基础的信任生产❷。因

---

❶　唐兵. 论公共资源网络治理中的信任机制 [J]. 理论导刊，2011（1）：49-51.

❷　Parkhe A. Understanding trust in international alliances[J]. Journal of world business, 1998，33（3）：219-240.

此，我们一般认为可以通过正式的制度安排和非正式的制度安排两种路径来实现信任机制的构建。正式的制度性工具，例如法律、法规和各类规章制度等，可以通过可预见的惩罚措施来减少失信行为的产生。政府作为生活垃圾协同治理中的资源优势方，应保证正式制度的供给，并在其中扮演好监督者和担保者的角色。从非正式的制度安排来看，"信任"其实是公民社会中的一项社会资本。关于社会资本，学者罗伯特·普特南定义"社会资本指的是社会组织的特征，例如信任、规范和网络，他们能够通过推动协调和行动来提高社会效率"❶。公民社会的发展会通过协作关系使各参与者的关系更加紧密，其相互信任、相互尊重的程度也会越高，且更有意愿遵守法律标准和道德规范，进而实现各主体间信任的搭建。

2. 激励机制

扩大各治理主体的参与是生活垃圾协同治理的出发点和落脚点，这需要激励机制的设计。在程序分析的"初始条件"中，我们对生活垃圾分类协同治理中各参与主体的激励机制设计做了简要的分析，结合协同治理的整体要求，对生活垃圾协同治理领域激励机制的设计总结出以下经验：

生活垃圾的治理关系到社会中各行动者所拥有的环境资源，能否激励各级政府、居民、企业和社会组织参与垃圾的规制与措施的制定与执行，是保障作为公共物品的环境资源能否公平分配的关键❷，而确保激励有效的关键在于调整各方的利益关系并形成利益趋同。达到利益趋同可以从两个切入点进行考虑，一方面，激励机制设计要有利于满足各行动者的自身利益，应积极探寻与接近多元主体在协同目标上的利益均衡点，提升各主体的治理积极性。以湖州市的生活垃圾分类监管治理实践为例，其激励机制获得较好成绩

❶　罗伯特·普特南. 繁荣的社群——社会资本与公共生活 [C]// 李惠斌，杨雪冬. 社会资本与社会发展. 北京：社会科学文献出版社，2000：155.

❷　李叔君，李明华. 社区协同治理：生态文明建设的路径与机制探析——以浙江安吉县为例 [J]. 前沿，2011（8）：188-190.

的经验来自于对各方利益的尊重，"虎哥模式""积分超市"等形式让企业和居民等在治理过程中获得了直接收益。另一方面，激励制度要有利于激发各行动者的公益诉求。固有的社会公益精神往往会因为公共信息的不足或对象的不明确而未有效开发❶，因此需要对治理的信息进行及时、有效的公开与传递，将各行动者的社会公益精神有效地调动起来，进而释放出多元治理主体的公益"正能量"，使个体利益与社会利益趋于协调统一。

3. 沟通机制

在协同治理中，沟通机制强调各参与主体在公平、自主且遵循公共理性的基础上，以有效的形式及途径参与公共事务的治理。在对生活垃圾的协同治理分析中，作为实现"行为协同"的关键，沟通机制主要在协同过程中展现其重要性。一般认为，沟通有利于深入了解各参与方的诉求，并在此基础上展开更加平等的对话和协商，进而服务于整个协同治理系统❷。通过对生活垃圾协同治理的优秀案例的研究，我们对协同中的沟通机制做以下应然分析：

首先，沟通机制应保障协商的全程性与完整性。在湖州市的实践中，政府创新性地将"智治力"引入到垃圾治理过程中，巧用大数据、"互联网＋"等技术搭建信息公开和共享平台，打通了各个参与主体在治理全过程中的信息障碍，为沟通协商的完整性提供了保障。

其次，沟通机制应保障协商的彻底性和深入性。在许多垃圾协同治理案例中，政府会设立专门的分类指导小组办公室（简称分类办），整合政府和社会的各项资源以推动垃圾的协同治理、加强各方的沟通。在政府内部沟通中，分类办会召开联席会议，各相关政府部门定期在此交流垃圾分类的相关议题；为了加强社会其他主体

❶ 骆毅，王国华."开放政府"理论与实践对中国的启示——基于社会协同治理机制创新的研究视角 [J]. 江汉学术，2016，35（2）：113-122.
❷ 顾萍，丛杭青. 工程社会稳定风险的协同治理研究——以九峰垃圾焚烧发电项目为例 [J]. 自然辩证法通讯，2020，42（1）：108-114.

的沟通，分类办围绕基层治理模式的创新，通过立法形式支持和鼓励物业企业参与负责小区垃圾分类工作，通过发挥党建引领作用，形成"社区—业委会—物业"三位一体的工作体系，保障沟通的深入性。

最后，沟通机制应保障协商的及时性和有效性。在生活垃圾分类的协同治理中，各部门间的联络员扮演着重要的角色，他们负责各部门的信息报送与传达。作为各个信息节点的连接者，联络员需时刻保持着对信息的敏感性，并与其他部门实现信息共享，保障沟通的时效性。此外，在湖州市的治理实践中，为了加强政府与社会在垃圾治理上的沟通有效性，政府开通了垃圾分类工作流程参观专线，为社会提供了近距离了解政府治理成果的渠道。

4. 协调机制

生活垃圾的协同治理涉及多个流程环节和多个参与主体，多元治理主体之间的有效协调和利益协同是生活垃圾协同治理得以实现的关键所在。建立和完善顺畅的协调机制，实现各参与主体之间的利益平衡，有利于多元主体对治理进程的把握，深化各参与主体之间的了解与信任，对垃圾治理过程中出现的问题提供最优的解决路径。在生活垃圾的协同治理实践中，协调能有效展开的关键是建立完善的领导协调机制和文化协调机制。

生活垃圾的治理涉及的领域较宽、各治理主体在不同领域发挥的作用也不一致，实现各参与者间的绝对公平是较为困难的。因此领导协调机制要根据垃圾治理领域的具体事务，确定各参与主体的职责、协同的形式等，发挥出不同参与者的牵引作用，更好地协调各方的行为。例如，在垃圾处置的技术发展治理上，应采用自下而上、企业牵引的领导协调机制。企业是科技发展的核心力量，在技术发展领域的治理应以企业为主，由其把握研发方向、技术路线和应用场景。政府主要在资金和政策上予以支持，居民需要就技术的使用情况做及时反馈以推动研发和改进，社会组织则应推动相关规范和规则的制定，并为企业联合攻关做好协调服务；而在垃圾分类的基础设施和基础资源的治理中，应采用自上而下、政府牵引的领导协调机制。垃圾分类的基础设施具有明显的"公共产品"性质，企业和群众有使用其的意愿，却没有管理的动力，因此就需要政府在相关治理上发挥牵引作用，协调、推动垃圾分类基础设施和基础资源的建设与布局，并予以一定的保护。企业需要推动相关基础设施的技术改进，社会组织则要加强各方联系，推动设施和资源的规范建设。

文化是成员理解组织内外部现实的过滤器并影响组织成员的相互交往❶。它是一种软性的心理契约，即通过心理暗示，约束或激励组织成员的行为❷。生活垃圾的协同治理组织是一个复杂的网络型组织，各行为者来自不同层次、不同地区和不同领域，是相互独立又相互联系的个体，不同文化背景下的思维方式的差异会带来政策环境和认同度的差异❸，这种差异可能会造成协同的困难甚至失败，因此生活垃圾的协同治理需要进行文化协调。文化协调的关键是要让垃圾分类、减量的文化深入人心，使之成为一种普适性的文化品种。文化的培养并非一朝一夕，也不是仅靠某一方参与者的努力，这需要借助多重力量的长期共同协助：政府可以利用制度优势，营造垃圾分类减量文化学习氛围，通过各类主流媒体和网络平台传播分类减量信息，建立和谐的垃圾分类减量文化环境；企业在日常生产经营过程中既应做到垃圾的分类，同时也可以培养企业员工的分类和减量意识；通过在群众中提倡垃圾治理理念，使大众了解垃圾分类和减量的社会功能和审美价值，营造全民分类、全面减量的舆论氛围；社会组织则可以通过组织知识培训、志愿活动等方式为分类减量文化的宣传贡献自身的力量。

---

❶ 刘海英，朱檬.农田水利协同治理的瓶颈及运行机制——基于民族团结灌区的实践 [J].改革与战略，2017，33（12）：130-133.

❷ 余晓钟，辜穗.跨区域低碳经济发展管理协同机制研究 [J].科技进步与对策，2013，30（21）：41-44.

❸ 封泉明.关于中国低碳经济发展的文化思考 [J].云南社会科学，2010（5）：107-110.

6.3 基于"忧患"视角的监管治理创新路径思考

上两节我们进行了监管治理的关键要素和整体性治理视角下的协同过程机制的思考，监管治理和整体性协同治理机制存在着有机联系，即监管治理的关键要素是整体性治理有效的基础，基于协同治理的过程机制是监管治理发挥长效的保障。基于湖州实践，充分发挥监管治理的理论和实践，并进一步推动政府的整体性治理能力和社会的协同机制建设，能够实现一定的成果，即将垃圾从失控转变成可控状态并进行尽可能资源化的努力。为了更为详细地呈现湖州实践和中国思考的关系，我们进一步以"案例回顾"的方式，整理了两个补充案例，请见下节。

但两个视角的中国思考离"日益下降的环境质量、快速减少的生物多样性和极端变化的气候"等问题的根本解决还有很长的距离。以塑料垃圾为例，从 20 世纪 50 年代开始，塑料逐渐成为人们生活中的必需品，塑料垃圾也已在生活中占有很大的比例。现有的垃圾分类监管治理虽然已经包括塑料垃圾的回收利用，但回收利用只占小部分，且只是延长了使用寿命，最终它们还是无法回到自然系统中。目前永久消除塑料垃圾的唯一方法是通过破坏性的热处理，如燃烧或热解。鉴于焚化塑料会产生很多毒害环境和人类自身健康的物质，焚烧的质量取决于焚烧和尾气处理技术。对于那些已经进入土壤、海洋、河流和生物链中的塑料和微塑料，它们很难被清除，尤其是微塑料，已经成为人类面临的长久威胁和危害。"三世塑料"（历史、现在和未来）让人忧心忡忡，这应该是"人类纪"所面临的典型问题表征：短短几十年的发展，足以警醒我们要以历史和系统的方式来反思过去和审视现在。因此，本节我们将从"忧患"视角来思考生活垃圾监管治理的创新路径，以直面本书研究的根本性问题：生活垃圾分类的监管治理怎样面向未来？

6.3.1　垃圾分类时代下的警醒

垃圾分类时代的一个明显特征是："垃圾分类是每个人的事"。在政府加强监管治理和推动整体社会协同治理的过程中，"鼓之舞之以尽神""小惩大诫"、催化领导、补贴和扶持、积分和碳足迹奖励等以激励和鼓励行动为主的策略，使得每个人都感受到合作的力量，意识到垃圾分类只有在合作中才能真正实现。也很显然，当每个人作为合作者并付之以具体行动时，无论他来自什么背景，都有机会感受到"垃圾即资源"的原本面目，即我们看到了近50%的湿垃圾被分出来，它们可以被进一步分离出工业油脂、制成沼气和有机肥，看到了绝大部分的干垃圾是各种各样的塑料可回收物，它们门类复杂，让人眼花缭乱，但几乎可以被"零废弃"，重新制成各种类别的塑料颗粒，进入下一次的使用循环。于是，很多人都可能这样认为：既然都可以利用，且有越来越好的技术来促进分类和保障分类的效果，那我们似乎可以不改变原有的生产和生活方式，继续享受现代化带来的便利和美好。如果这是一些人理解的垃圾分类的根本意义或根本目标，那就足够让我们忧患重重了。因为，无论是湿垃圾或是干垃圾，资源化过程所耗费的能源和资源本身，或许比垃圾资源化后所获得的资源代价更大。如果只是立足于垃圾分类本身，那现在改进的这一步只不过是"头痛医头，脚痛医脚"的局部效果而已。即使这样，效果也是不尽如人意的，因为目前在许多国家，消费者并不清楚如何将不同塑料的包装进行分类与回收，导致全世界的塑料包装材料回收率仅有14 %。因此，"垃圾分类是每个人的事"，此中的"事"不是仅指分类行动本身，而更多的是指"事理"，即，需要每个人明白垃圾是怎么来得及该如何正确面对，以使我们时刻保持警醒，并用行动来规范自己。基于此，我们以塑料的前世今生及其后果为例来深化这种警醒的必要性：

塑料的"前世"为树脂和纤维类等人造材料，如高密度聚乙烯（PE）、低密度和线性低密度聚乙烯（PE）、聚丙烯（PP）、聚苯乙烯（PS）、聚氯乙烯（PVC）、聚对苯二甲酸乙二醇酯（PET）和PUR 树脂以及聚酯、聚酰胺和丙烯酸（PP&A）纤维，以及为提高材料性能的纯聚合物与添加剂的混合物等。它们作为工业化原料主要以石油基材为主加工出来，为现代化的生产和生活提供所谓的必需品。近些年，由于塑料及附加品需求旺盛，导致一些国家石油生产的主要目标已经从能源供应转到塑料原料加工了。

塑料的"今生"是各种使用过的塑料垃圾，根据首次发布的全球范围内所有大规模生产塑料的分析报告，截至 2015 年，全球已产生约 69 亿吨塑料垃圾，其中约 9% 已回收，12% 已焚化，79%已累积在土地、填料或自然环境中。塑料垃圾主要包括农膜、塑料袋、塑料包装纸、快餐盒、发泡填塞物、塑料饮料瓶、酸奶杯、尿不湿、塑料医疗器械等短期内使用即被丢弃的一次性塑料用品。我们的生活有多丰富，塑料垃圾就有多丰富。

塑料垃圾的后果，如果目前的生产、使用和废物管理趋势继续下去，那么到 2030 年，由其产生的温室气体排放量可达到每年13.4 亿吨，相当于超过 295 个新的 500 兆瓦燃煤发电厂的碳排放总量，到 2050 年塑料产生的温室气体累计排放量可能超过 560 亿吨，占剩余碳预算总量的 10%~13%，同时，大约 1.2 万吨塑料废物将进入垃圾填埋场或自然环境。大量的塑料进入环境并直接损害水、大气、土壤、物种生存和生态系统的健康，尤其是塑料微颗粒，它们在环境中的丰度之高难以置信，南北极的冰层、青藏高原的冰川、海洋的深底、甚至是人体的血液，它们已经无处不在，而它们对于环境中的生物和非生物的危害也已经被科学所证实，它们的迁移将对生态系统和人居环境产生深远的影响，如图 6-5 所示。

我国是生产和使用塑料的大国，如树脂占全球产量的 28%，纤维占全球 PPA 产量的 68%，也是目前产生塑料垃圾的大国，因此每个人都需要保持对塑料垃圾的警醒，由警醒激发忧患思考以及忧患意识引导下的治理行动。

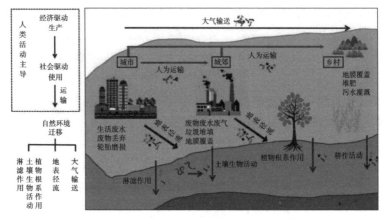

图6-5 生活中的微塑料在城乡间的迁移 ❶

6.3.2 从传统忧患到生态忧患

我国的传统文化意识中有很大一部分是忧患意识，忧患一词最先出现于《周易·系辞下》："《易》之兴也，其于中古乎？作《易》者，其有忧患乎？"因此，可以认为，自《周易》启忧患之思，后成为先秦儒家人文主义的源头，到孔孟后学，"修身、齐家、治国、平天下"的过程都充满了忧患意识下的进取和视野。在治国理政方面更是如此，不同时代的仁人志士们或忧国之衰败，或忧民族之危亡，或忧黎民之困苦，或忧道学之中绝等。但自从工业化和现代化后，忧患对象发生了很大的变化，环境污染、生态保护、交通安全、生命保障、治安管理、卫生防疫、控制人口、世界和平等关系到人类切身利益的根本性问题，尤其是环境污染、生态保护问题，都已经非常尖锐地摆到了人们面前，我们必须时刻保持忧患意识。

❶ 李敏，杨磊，赵方凯，陈利顶. 城乡景观中土壤生态系统微塑料的来源、迁移特征及其风险 [J]. 生态学报，2022，42（5）:1693-1702.

忧患意识是"古今同概"的，是一种时代使命感和社会责任感的派生物。忧患意识与责任担当密切相关，一个人只有具备责任感和使命感，才会产生忧虑感；反过来，当他有了忧患意识，才会形成强烈的责任心，但责任意识又是忧患意识的基础，有责任意识才会形成忧患意识；同时，忧患意识是责任意识的深化，是更为强烈的责任意识，是责任主体对其行为后果的强烈的担当意识。忧患不同于惶惶不安的恐惧，忧患是周全思索之后对未来吉凶成败的判断与把握，是一种积极的态度和守正行动的基础。因此，具备忧患意识的目的在于预知、把握事物的变化规律，促进事物向好的、积极的方向发展。

我们认为，基于传统的忧患意识"基因"，当今涉及人类和自然能否和谐相处的根本问题是"生态忧患"问题，它也是当今"盛世危言"浪尖上的核心问题。它不仅仅是意识问题，更是"忧患即行动"，即"民之用"问题。我国自改革开放后，十分重视生态忧患下的治国理政方针，党的十七大提出了"建设生态文明"的要求，并在治理领域不断强调"生态环境""生态保护""生态工程""生态建设""生态安全""生态意识""生态农业""生态环境良性循环""生态良好的文明发展道路"等概念。党的十八大报告将生态文明建设提到前所未有的战略高度，不仅在全面建成小康社会的目标中对生态文明建设提出明确要求，而且将其与经济建设、政治建设、文化建设、社会建设一道，纳入社会主义现代化建设"五位一体"的总体布局，这标志着我们国家对社会发展规律和生态文明建设重要性的认识达到了新的高度。党的十九大报告进一步提出"人与自然是生命共同体"，是对马克思、恩格斯人与自然关系思想的继承，强调要增强绿色发展理念的自觉性和主动性，这意味着我国生态文明建设已经有了具体的方法论指导，进入了全面治理的行动领域。可以认为，近年来，我国的社会治理中，已经有了生态忧患意识的不断增强下的忧患治理，这是对"知行合一"的阐释，更是我国呈现给世界的时代使命感和大国责任感。

6.3.3 忧患视角下可能的创新路径

上述的警醒和生态忧患视角启示我们，现代科技只为当前的困境提供了一条暂时的解决路径。解铃还需系铃人，我们需要基于忧患视角的创新路径。那么创新路径应该包含哪些性质呢？我们认为，至少可以包含三个"意识—行动"路径：和谐共生——自然友好，少即是多——源头行动，着眼未来——系统思考。

1. 路径一

和谐共生——自然友好。习近平总书记在《论坚持人与自然和谐共生》一书中强调人对自然要有敬畏感，要将山水林田湖冰沙等看成是一个生命共同体。因此，忧患治理首先是自然和生态友好的价值观的培养，只有内化的价值观才会滋生基于价值关怀的自然友好的行动。现代人常常被认为患有"自然缺失症"，原因在于，人与自然的连接通路常常被手机、电视、电脑以及其他现代享乐品等所阻隔，即使是接近自然，也常常以人们习惯的基于消费主义的行为模式来进行。因此，人与自然的距离十分遥远，这样的情况下，人是很难建立起自然关怀的情感。而没有自然关怀，人们就缺少对于自己行动将对自然产生怎样影响的想象力，即没有同理心，无法共情，无法产生自然友好的行动，也不能从垃圾分类的表面走进实质。

2. 路径二

少即是多——源头行动。少即是多，是一种忧患意识下的生活哲学，在物质不丰富的年代，它可以帮助人们在条件约束下的平衡自在。浙江天台国清寺有一块隋匾，上面写着"少即是多"四个字，可见 1000 年前的人已经在修行"如何少，为什么少，少和多关系"等问题，而那时的物质和生活水平与现代有较大差距，可见，欲望的把握是根本，精神的追求从来没有停止，更不分古今中外。国外也一样，很多的环保组织在倡导"Less is more"的生产和生活方式,引导人们在源头行动上的响应。可见,"少即是多——源头行动"是符合"全球思考,本地行动"(Global thinking, local action)的。这也是对垃圾分类行动根本意义的回答:源头减量才是垃圾分类关键。

3. 路径三

着眼未来——系统思考。人类面临着可持续发展的挑战,"经济—社会—生态"是一个巨大的复合系统,需要面向未来的系统思考。古人在思考忧患的时候强调"明忧患与故","故"指缘由,垃圾分类作为一项社会系统工程,同时具有时间和空间维度的系统思考需求。中国传统上,易腐垃圾是本地循环的,老百姓将自己身上的排泄物、丢弃的餐前厨后的有机物都能巧妙而妥善地利用,形成一个相对稳定的良性运转系统。有学者曾说,世界上如果有国家知道如何才能够做到粮食的自给自足,那就非中国莫属。而现代化和城镇化后,这个传统的内循环被打破了,只能依靠大量的化学品输入,更加速和恶化了系统的运转。历史回不到过去,但是传统勤俭思想的文脉基本没有断,加之中国特色现代治理制度的独特优越性,中国在未来垃圾分类和处理领域的发展和竞争、绿色产业升级等方面具有独特的优势。可见,系统思考,是可持续发展未来的关键。

6.4 案例回顾

6.4.1 湖州市制止餐饮浪费行为促进源头减量

1. 案例背景

据 2020 年全国人大常委会专题调研组发布的关于餐饮浪费的调研报告显示,在不包括居民家庭饮食浪费的前提下我国城市餐饮浪费在 340 ~ 360 亿斤,浪费数目惊人。同一年,习近平总书记作出坚决制止餐饮浪费行为的重要指示,强调要加强立法,强化监督,采取有效措施，建立长效机制 ❶。

2020 年，浙江省人民政府办公厅颁布了《浙江省全域"无废城市"建设工作方案》，提出了"无废城市"建设的新发展理念，湖州市在引领全省的基础上，通过优化行业发展方式和居民生活方式，持续推动废物的源头减量、资源化和无害化，并加强了对整个生活垃圾生命周期处理链条的建设。从源头减少垃圾的产生正是湖州市在垃圾分类工作取得一定成就后进一步所要攻克的难题和要补的短板。湖州市政府在国家的《反食品浪费法》中看到了生活垃圾源头减量的巨大潜力，若将推进生活垃圾与制止餐饮浪费行为结合起来，通过减少食物的浪费，一方面可以节约资源和从源头减少垃圾的产生，另一方面还可以缩减处理餐厨垃圾的开支，这将更好地助力湖州市生活垃圾分类减量化工作。

2. 案例分析：基于湖州市坚决制止餐饮浪费行为出台相关政策解读的视角

在本书的第 3 章曾提到，湖州市逐步形成了"网格化"人大监督机制，正是有相关在岗工作视察的经验，对湖州市整体的垃圾分类工作情况了解充分，湖州市人民代表大会常务委员会根据有关法律法规，结合湖州市的实际情况，于 2020 年 12 月 24 日湖州市第八届人民代表大会常务委员会第三十二次会议通过《湖州市人民代表大会常务委员会关于坚决制止餐饮浪费行为的决定》（以下简称《决定》）。该政策的出台为湖州市治理餐饮浪费行为提供了根本遵循，以法律推动制止餐饮浪费行为的治理，并且明确了哪些行为需要重点被监管，具有针对性和指导性。2020 年 12 月 1 日，湖州市还制定实施了全省首个制止餐饮浪费地方标准《餐饮节约行为导则》，对社会餐饮、集体食堂、城乡家宴、网络订餐和家庭用餐五种情况分别作出了对应的防止浪费的具体要求和指导。湖州市政府结合以前的生活垃圾分类工作治理经验，于 2021 年 2 月 3 日印发

---

❶ 中华人民共和国反食品浪费法 [N]. 人民日报，2020-08-13.

了贯彻实施《决定》的工作方案，通知湖州市各区县人民政府和市级有关单位完成工作部署，推动《决定》的落实，促进制止餐饮浪费行为长效机制的形成。在湖州市政府发布的多个关于生活垃圾源头减量的文件中均提到了杜绝餐饮浪费，并专门为此出台了政策文件，可以看出湖州市对于制止食物浪费行为非常重视。

在相关政策相对完备的基础上，湖州市建立了由市委常委、宣传部部长和市政府分管领导共同担任组长的工作专班，由市文明办、市网信办、市直机关工委、市新闻传媒中心、市教育局、市民政局、市建设局、市农业农村局、市商务局、市文化广电旅游局、市卫生健康委、市市场监管局、市机关事务中心、市总工会、市团委、市妇联 16 个责任单位共同参与制止餐饮浪费行为的"监管治理行动网络"，各部门按照任务清单有序执行，相辅相成，联合全市各相关部门的力量去推行制止餐饮浪费行为工作的落实，一起促进湖州市民形成文明健康节俭餐饮的良好风尚。

根据湖州市以往的生活垃圾分类工作经验，政策要达到长期有效并深入人心的效果，需要培育好相应的文化氛围，通过合适的宣传路径来引导人们的价值追求，内化人们的外在驱动。湖州市通过多年努力所形成的较为完善的生活垃圾分类的监管治理机制和深厚的生活垃圾分类文化氛围，为政府主导、群众参与、社会协同治理生活垃圾分类工作打下了坚实的基础。在推行坚决制止餐饮浪费行为工作时，文件提出要做好教育工作，开展文明健康节俭餐饮进机关、进社区、进学校、进企业、进单位、进礼堂（即"六进"）等宣传活动，要具有针对性地对"婚丧喜宴、餐馆、网络、旅游、单位食堂、公务活动"六大领域广泛开展主题宣传活动，同时借助媒体弘扬食物节约的正面案例，曝光食物浪费行为，给市民树立正确的价值观，让"反食物浪费"教育走进"家庭—学校—社会"，在全市营造"崇尚节约、反对浪费"文化氛围，让行业可以自律规范餐饮经营，群团组织开展社会监督，共同抵制餐饮浪费，做到垃圾分类的源头减量。

价值观的引导，除了宣传教育营造良好的文化氛围，"标杆"管理也很重要。在之前的垃圾分类工作中，湖州市已经摸索出一套适合自己的"由内而外"的"标杆"建设机制，因地制宜地逐步建起了多个生活垃圾分类的"标杆"对象，探索出的"党建＋"分类等模式，充分地发挥了党员的表率作用，调动了居民参与垃圾分类的自主性和积极性。在制止餐饮浪费行为的政策中提出：党员领导干部和公职人员要严格落实执行操办婚丧喜庆事宜分级报告制度，同时要发挥党政干部和重点人群的示范带头作用，尤其是要强化关键的六大领域管理，分别制定实施具体工作方案，形成以点带面、示范引领的效应；在推行坚决制止餐饮浪费的过程中要打造属于湖州市的"特色品牌"，精心培育出一批可看、可学、可复制的模范标杆。

制止餐饮浪费工作的推行，离不开智慧监管。湖州市在之前的生活垃圾分类工作中就意识到了智慧监管的优越性，至2021年，湖州市各区县均已因地制宜地建成各自的智慧监管平台，通过可视化监管垃圾分类相关工作的实施情况，以"数字赋能"推动了生活垃圾分类处理工作规范化、常态化和长效化。在坚决制止餐饮浪费行为的相关政策中提出要结合"互联网＋监管"，积极探索出数字监管在六大领域制止餐饮浪费行为的场景应用。同时，结合国家信用体系创建示范市，创新探索将制止餐饮浪费行为纳入诚信管理，将"厉行节约、反对食品浪费"的情况纳入餐饮服务单位的动态等级评定标准中，融入"红黑榜"管理，引导餐饮服务单位积极承担企业的社会责任，健全针对餐饮浪费行为的惩戒体系。

在落实垃圾分类的工作中，人大发挥着极其重要的监督作用，并在多年的发展中已逐步渗入基层。在《决定》和实施《决定》的工作方案中均提到了人大要对坚决制止餐饮浪费工作做好考核监督。市、区（县）人大及其常委会可以采取听取专项报告、开展视察调研等方式，加强对坚决制止餐饮浪费行为工作的监督检查。各级人大代表还应加强日常监督，推动坚决制止餐饮浪费行为各项措施有效执行。人大还建立闭环考核体系，将贯彻落实《决定》纳入市对区县和部门的年度考核内容，并会采取多种方式不定期对工作展开日常视察、监督调查，实现对贯彻落实《决定》工作事项的结果考核和过程管理的全过程覆盖，压实相关部门的责任，为湖州市建设"重要窗口"的示范样本贡献人大的力量。

综上所述，坚决制止餐饮浪费的政策明确了两个方面的问题：一是确定了重点监管对象是哪些，餐饮浪费行为几乎发生在生活的每一个角落，确定好哪些行为需要被重点监管或者禁止，做到有的放矢。湖州市人民代表大会常务委员会根据当今时代的饮食消费风气和湖州市的本地习俗确立制止餐饮浪费的重点对象聚焦于"六进"。二是借鉴并结合之前垃圾分类工作所形成的特色机制、资源、经验等方法，探索应用于制止餐饮浪费行为工作当中，让政府监管治理和"崇尚节约、反对浪费"文化建设二者相辅相成，有效落实坚决制止餐饮浪费行为政策，共同推进生活垃圾分类的源头减量工作。

3. 案例总结：坚决制止餐饮浪费行为政策出台后的相关效果

《决定》等关于坚决制止餐饮浪费政策出台后，对湖州市减少餐饮浪费起到了极大的促进作用，文明餐桌等行动全部被执行起来。结合湖州市 2021 年的第三方评估，我们可以看到湖州市各区县均采取了一系列措施去推进反食物浪费政策的落实。"文明餐桌""光盘行动"等也陆陆续续走进了机关单位、社区、学校等，且取得一定的效果。

截至 2021 年 1 月，湖州市政府先后对 1 万余家新入驻餐饮单位、集体食堂负责人进行集中培训，利用"厨房革命"平台对 2.6 万余家入驻餐饮单位进行全面反浪费宣传，累计印制发放 200 套《制止餐饮浪费 36 计》卡通宣传手册，并先后发布 6 期反对餐饮浪费的"红黑榜"，在全市先后开展了两轮市级层面专项督查，累计检查餐饮单位 1902 家次，发出整改通知书 131 份，进一步彰显了湖州市政府推动反对餐饮浪费工作的决心。通过广泛的宣传和严格执法督查，让餐饮从业人员了解熟悉了制止餐饮浪费行为的方法和政策。餐饮行业按照要求向顾客推广实行"分餐制""公勺公筷制"等文明用餐制，也实施了湖州市政府创造的颇具特色的方法和手段，如设立绿色点餐专员，在餐前、餐中和餐后对顾客开展文明用餐服务和反对食物浪费宣导工作；一部分餐饮企业已经按照政策倡导，在菜单上标注食材分量和主要食材热量，在套餐上注明建议消费人数，方便顾客提供"半份菜""小份菜""拼盘菜"，推行"N–1"点餐模式。

2021年4月湖州市分类办生活垃圾分类智慧综合管理平台开启试运行，主要是以学校为切入点，在10月份已涵盖全市200多所学校，依据学校类型、就餐次数和人数建立多维度餐饮数据模型，再通过学校的易腐垃圾人均量的对比和变化趋势，会及时给教育部门、相关监管部门反馈信息，让相应的监管部门督促餐饮浪费严重的学校采取行动进行整改。市分类办率先推出的"学校餐饮浪费数字模型"，依托数字赋能、数字驱动，可对餐饮垃圾实现倒查追根溯源，数据多部门共享，为餐饮源头精准减量和部门监管提供关键的参考依据，这种数字模型是坚决制止餐饮浪费行为标本兼治可复制推广的新样板，甚至通过改写模型可以应用于医疗等行业的垃圾源头减量监管。例如，在2021年4月，平台监管到新世纪外国语学校凤凰校区每天有易腐垃圾600多千克，反馈给学校管理层后，学校立即开展各种活动与宣传教育，鼓励学生光盘，并推出点餐制，提供A、B两种套餐，学生周末在家提前预约下一周的套餐，从源头上杜绝浪费，更好地做到光盘，到10月份的时候易腐垃圾就已经减少到每天400多千克，垃圾源头减量的效果显著。

长兴县纪委、县监委对机关单位以及部分餐饮场所开展多次专项督查，重点督查各单位是否严格执行反对餐饮浪费的相关制度，公务接待是否超标等问题，紧盯餐桌浪费和腐败，坚决落实国家公职人员的示范作用。在安吉县的一家餐馆，因未按要求引导顾客按需点餐，市场监管部门对餐馆老板开出了首张制止浪费罚单，坚持依法治理。

如今在湖州市，餐饮企业"小份菜""半份菜"颇受欢迎；经过培训的服务员会提醒顾客要适量点餐、理性消费；消费者量力而行、主动打包；酒席崇尚"减、简、俭""节约粮食，文明用餐"的理念愈加深入人心，"厉行节约、反对浪费"的社会氛围逐步形成。

6.4.2 湖州市生活垃圾资源化回收促进"碳减排"

1. 案例背景

"碳达峰、碳中和"是关乎中华民族永续发展和构建人类命运共同体的重大战略决策，是我国生态环境工作的重中之重。2021年2月22日，国务院发布《关于加快建立健全绿色低碳循环发展经济体系的指导意见》，为了助力"双碳"目标的实现，推动我国绿色发展进入新的阶段，意见强调要加强再生资源的回收利用，推动垃圾分类回收与再生资源回收"两网融合"，落实生产者责任延伸制度，加快构建废旧物资循环利用体系，提升资源产出率和回收率。碳中和是一个综合性的目标，其中涉及了国民经济各个部门和社会再生产全过程，再生资源的回收利用是碳减排的路径之一。

2. 案例分析：以安吉县生活垃圾资源化回收、社会化运营机制为例

湖州市为了响应"双碳"目标、提升资源回收减排效益，规划了具有湖州特色的"碳中和"路线图，其中又以安吉县的"两山绿币个人碳账户"为代表。"两山绿币个人碳账户"体系以"绿色信用"为理念，对居民个人日常能关联到气候变化的四大维度、对10项包括垃圾回收在内的低碳生活行为习性进行采集，结合其环境效益、通过大数据分析向居民发放"两山绿币"，居民可利用"两山绿币"进行实物兑换和场景消费。

为了使再生资源回收的碳减排更具针对性，安吉县政府以"两山绿币个人账户"为基础，携手"虎哥回收"（浙江九仓再生资源开发有限公司）构建了生活垃圾回收减排的运营体系，利用虎哥平台的用户基础打通了垃圾分类回收的碳账户平台，使居民可以享受

更方便快捷的服务。此外，为了优化居民的应用体验、响应浙江省的碳减排号召，虎哥回收平台实现了与"浙江碳普惠"应用的数据贯通。居民可直接在"浙里办"或支付宝进入"浙江碳普惠"应用，通过"低碳回收"界面呼唤回收。虎哥回收的工作人员在提供回收服务后，会根据一定的核算方法计算此次回收的碳减排值，并将其纳入个人的"碳账户"，居民可根据"碳账户"内的余额享受环保商品的兑换、计量仪器校准服务、机场贵宾间休息服务、云闪付红包以及全省自然保护地、耀眼明珠景区景点门票等。

1）安吉县生活垃圾资源化回收碳减排工作体系分析

能否激励居民积极参与资源化回收是湖州市生活垃圾治理的一大痛点和难点，也是发展低碳循环经济的突破点。安吉县的"虎哥模式"为了解决居民参与动力不足的问题，建立了一套兼具日常存储、积分兑换、政策激励等功能的工作体系，通过特定的积分赋值模型将居民的垃圾回收量与碳减排量挂钩，并一步转化为碳账户权益，实现了垃圾分类与居民用户的碳普惠贯通，使低碳生活方式惠及居民。如图 6-6 所示，"虎哥个人碳账户"的生活垃圾资源化回收减排工作体系分为三个部分：第一部分涉及生活垃圾中可回收物的分类与数据采集；第二部分为各类可回收物的碳减排量核算；第三部分为积分赋值与结果应用。

（1）分类与数据采集

湖州市的生活垃圾分类治理将垃圾分为可回收物、有害垃圾、易腐垃圾和其他垃圾四大类，生活垃圾资源化的对象为生活垃圾中的可回收物。虎哥回收根据当前的技术水平、实用性和操作性以及居民生活垃圾的实际产生及分类情况，将可资源化的可回收物细分为纸类、塑料、玻璃、织物、铁类、有色金属和电器类 7 个小类，并在分类的基础上进行相关数据的获取与收集。

虎哥回收为居民提供了"一键呼叫"的服务，当居民有回收需求时，可以通过虎哥 App 或者浙里办 App 中的"一键回收"板块找到"虎哥"，虎哥就会安排工作人员上门提供回收服务。通过对

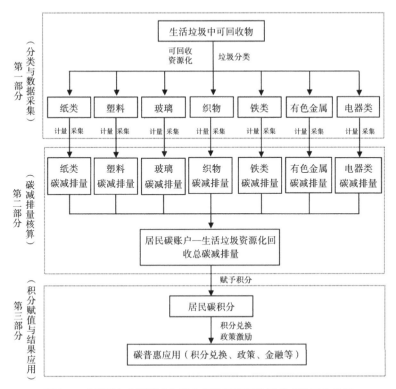

图6-6 "虎哥个人碳账户"的生活垃圾资源化回收减排工作体系

各类回收物的称重计量,得到居民的资源回收数据,工作人员会将其上传至数据平台,以进行下一步的归集与核算。平台而后会运用大数据、物联网和区块链等技术对这些数据进行验证和汇集,在保证各数据集准确、及时、有效的基础上,将这些数据实时地传送到浙里办数字化平台。虎哥这种"上门服务"的资源回收和数据采集模式保证了居民碳账户系统平台和个人数据端口的精准对接,为碳账户系统提供了一体化的数据采集和汇集功能。

(2)碳减排量核算

为了形成可视化的个体减碳行业画像,虎哥开发了国内首个再生资源回收碳减排核算算法(CCER)。2021年12月,来自清华大学、浙江省生态环境低碳发展中心等 4 位权威专家对虎哥的垃圾分类回收的碳减排核算进行了算法审评，一致认为该算法具有科学性、合理性和一定的可操作性。

安吉县生活垃圾回收碳减排核算的总体思路如下：首先，分别计算基准情景和垃圾资源回收情景下的碳排放量；其次，将基准情景下的碳排放量减去回收情境下的碳排放量；最终，计算获取由于垃圾回收而减少的总体碳排放量。整个计算过程分为两个方面：一是生活垃圾的资源化回收，在减少同类产品的制造、流通、使用过程（直接或间接）碳减排的同时，减少了新资源开发过程的碳排放量（替代碳减排）；二是生活垃圾资源化降低了该废物本该用于填埋或焚烧所释放的碳排放（处置碳减排）。总体来看，这种碳减排核算方式从碳来源上包含了直接减排和间接减排，从气体种类上包含了二氧化碳之外所有温室气体排放。

（3）积分赋值与结果应用

当完成了数据采集和碳减排量的核算后，需要对居民的回收行为进行碳积分的赋值。赋值过程遵循两条原则：一方面，积分赋值需以鼓励居民尽可能参与源头分类、源头回收为出发点，要积极引导大众参与碳减排并赋予积分和碳账户权益；另一方面，积分赋值应以碳普惠制为基本方向，力争源头减量的权益最大化，积分赋值过程中要防止积分跑偏、使垃圾收集的中间人牟取额外收益。在目前的实践中，安吉县主要采取了分级赋分和累积差异化赋分的标准，即当碳减排量在人均水平及以下时，要以鼓励促进为主，碳减排量与碳积分按照 1:1 的比例进行赋分；当碳减排量在人均水平以上时，需要采用分阶梯式的赋分制度，超过人均减排量的部分乘以小于 1 的系数进行赋分。

完成了碳积分的赋值后，需进一步完善积分的应用体系。在本案例中，居民不仅可以利用碳账户里的积分兑换环保商品、景点门票等实物式奖励，还可以享受计量仪器校准、机场贵宾间休息等服务型奖励。此外，安吉县还将碳积分系统与碳金融体系进行了有机的结合，将居民碳积分纳入征信及金融领域的贷款、业务办理等服务中，从金融领域引导居民开展垃圾分类回收行为。

2）安吉县生活垃圾资源化回收碳减排路径分析

根据中国再生资源回收协会的研究，再生资源回收利用与碳减排量存在着较为显著的关系。以部分典型的再生资源回收为例，1吨废纸、废铜与废塑料的有效回收可以分别减少 5.42 吨、14 吨、0.36 吨二氧化碳的排放❶；据安吉县农商银行的统计，截至 2021 年7 月，安吉县"两山绿币"绿粉客户已达 16 万，积累"两山绿币"值超过 34 万，助力实现资源循环利用 210 余吨，居民各类低碳行为累计实现了 7115 吨的碳减排量。那么，安吉县的生活垃圾再生资源的回收是如何实现碳减排的呢？基于前文对其工作体系的阐释，我们对其碳减排的路径做出以下总结分析：

一方面，安吉县构建了完整的再生资源回收体系，形成了一条高效率、低能耗的资源再生利用产业链。"虎哥模式"形成了"互联网＋回收"的模式，利用信息技术的便利性实现了垃圾收集、分类和回收的一体化，即做到了循环经济发展要求中的垃圾分类回收与再生资源回收的"两网融合"，缩短了再生资源回收的产业链，减少了传统垃圾处理模式中由于"分类收集"和"资源回收"相割裂造成的资源浪费，降低了生活垃圾资源化前端回收过程中的碳排放。

另一方面，安吉县生活垃圾回收利用改善了资源使用的循环结构，从需求侧推动碳减排的实现，实现更高效的能耗。首先，提取生活垃圾中的可用资源，可以减少对原材料的开采需求，进而带动采矿等环节的碳减排；其次，由于资源再生与原生资源在制造工艺有所差别，资源化进一步避免了一些高排放工艺大量温室气体的产生；此外，生活垃圾的回收利用也减少了将其作为一般固废进行的焚烧或填埋，降低了尾端处置过程中的碳排放。总体来看，推动生

❶ 戴铁军，潘永刚，张智愚，张卉聪．再生资源回收利用与碳减排的定量分析研究 [J]．资源再生，2021（3）：15-20．

活垃圾资源化回收，发展循环经济从"源头需求＋工艺生产＋尾端处置"等多个方面改善资源的循环结构，进而减少碳排放。

3）安吉县生活垃圾资源化回收中的碳普惠制分析

碳普惠制是减碳领域较为新颖的一种机制，其核心在于"运用市场机制和经济手段，对公众的绿色低碳行为进行普惠性质的奖励，以最大程度激发起全社会参与节能减碳的积极性"[1]。安吉县在生活垃圾上的资源化回收就是碳普惠制的经典实践。

从安吉县生活垃圾资源化回收中的碳普惠制的政策性质来看，该机制为市场型和公众参与型环境政策工具的组合创新。一方面，碳普惠制是基于市场价值信号的激励机制，通过调节垃圾分类回收过程中个体之间的社会利益冲突，以实现个体和社会环境利益激励相容的制度安排；另一方面，该制度具有较强的公众参与性，能充分地调动起居民主动参与垃圾分类回收的积极性。从碳普惠制带来的效益来看，该机制具有经济、社会和生态三重基本效益：首先，在资源回收的整个产业周期中，各利益相关方可以从中获得相应的经济收益，如"虎哥回收"可以获得回收资源带来的直接利益，参与回收的居民可以利用碳积分的兑换获得经济收益，提供兑换商品的商家会因销量的增加而获得经济利益；其次，安吉县生活垃圾资源回收中的碳普惠制建设已初步形成了一条较为完善的产业链，其中所吸纳的劳动力以及相关商品、服务的收入带来了一定的社会效益；最后，垃圾资源化回收的碳普惠制为安吉县减少了资源的消耗和温室气体的排放，且其本身也是生活垃圾治理的关键一环，对环境质量的改善和生态文明的建设起到了一定的促进作用。

从理论角度分析，碳普惠制度的主体对象为社区家庭和个人。安吉县生活垃圾资源化回收中的碳普惠制运行可划分为两个阶段，各个阶段又受不同因素的影响，如图6-7所示：

---

[1] 刘航 . 碳普惠制：理论分析、经验借鉴与框架设计 [J]. 中国特色社会主义研究，2018（5）：86-94，112.

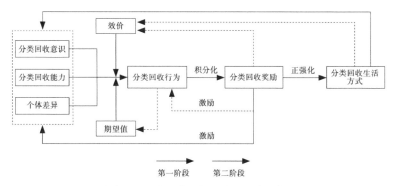

图6-7 安吉县生活垃圾资源化回收中的碳普惠制运行机制

第一阶段为分类回收潜力转化为分类回收行为的阶段。在生活垃圾资源化中，仅有居民参与分类回收的潜力并不意味着分类回收行为的发生，这一转化过程还受两类变量的影响，分别为常规变量和激励变量。其中，常规变量包括居民的分类回收意识、分类回收能力和个体差异。分类回收意识代表了个体的分类回收态度、生活垃圾资源化敏感性等；分类回收能力既包括了垃圾分类知识、技能等要素，也包括了生活经验变量，主要指家人、朋友、书籍、教育经历、环保组织等生活经历要素；个体差异反映了个体由于年龄、职业和家庭特征等差异造成的垃圾回收价值观、低碳责任感的不同。激励变量包括效价和期望值两个因素。效价是居民对生活垃圾资源化回收行为价值大小的主观判断，与垃圾分类回收行为呈正相关的关系；期望值指个体对实现垃圾资源化回收可能性大小的主观判断，也会对其分类回收行为产生影响。

在安吉县的生活垃圾资源化回收的实践中，如何引导具有分类回收潜力的居民参与生活垃圾资源化是监管治理工作的关键。在常规因素的影响中，个体差异是较难控制的。为了完善生活垃圾资源化碳减排体系的前端建设，安吉县以分类回收意识和分类回收能力为切口，通过加强对资源化回收和碳减排行为理念的宣传和教育，营造良好的社会氛围，引导居民进入资源回收的碳减排体系之中。

同时，激励因素的引导作用也是不可忽视的。安吉县生活垃圾治理中的碳普惠制通过为居民提供以碳积分为基础的奖励，增加了居民对回收行为的效价和期待。同时，通过引导居民养成垃圾分类回收的低碳生活方式，也会以一种更内生的方式激励居民参与到回收实践中来。

第二阶段为短期偶发的回收行为转化为长期持续回收行为的阶段。这一转变过程的实质就是对家庭和个人行为改造激励的过程，对合规的垃圾资源回收行为给予政策、商业、金融等方面的正强化激励，对非回收或非合规的回收行为不给予奖励的负强化激励，进而使居民形成生活垃圾资源化回收的良好习惯。同时，在这一激励过程中，家庭与个人的回收潜力也实现了进一步提升，分类回收意识、分类回收能力不断强化，进一步推动分类回收行为的发生，实现长效的良性循环。在安吉县的碳普惠实践中，为了完成第二阶段的转化，治理工作主要围绕两个关键环节展开。一是通过分类回收行为的积分化，即将分类行为与回收奖励以科学有效的方式进行连接；二是致力于搭建回收的长期可持续性，通过不断完善平台功能、改进回收服务、加强教育宣传等手段对居民的日常行为进行持续性的改造，让低碳回收行为成为自觉习惯。

3. 总结

目前，循环经济中的碳减排效应在国内外尚处于探索阶段，相关实践仍以小范围的试点为主。为了进一步实现垃圾资源化碳减排机制的优化与推广，需要对试点的工作经验进行相应的总结。通过对安吉县生活垃圾资源化碳减排的工作体系、减排路径以及碳普惠制度的分析，我们在减排机制设计上对协同配合和量化激励方面总结出一定的经验：

1）推进协同配合

生活垃圾资源化的碳减排的机制建设和日常运营有范围广、内容多的特点，需要各参与方进行协同配合，推进工作层次。在现代生态环境治理中，政府、公众、企业和社会组织等主体并不是单纯的服务主体或被服务者，而同时也是诉求表达者、服务提供者、服务享受者和政策制定参与者❶。从安吉县生活垃圾资源化的减排工作体系来看，主要的参与者有社区家庭和个人、政府主管部门和企业，其他的参与者包括投资机构、公益机构和宣传媒体等。因此，各参与主体间的协同合作能否有效展开是生活垃圾资源化回收碳减排工作见效与否的关键。

2）实现量化激励

安吉县生活垃圾资源化减排体系的核心在于对个人的垃圾回收行为赋予一定的价值肯定。低碳行为个人减排量的核算是碳普惠制度实施的前提条件和数据基础❷，为了实现资源回收行为的量化核算，需采取成熟可行的方法学。一方面，在借鉴国内外碳排放权交易核算方法的基础上，还需结合实际情况进行因地制宜的调整与改进，同时加强与前沿性的技术的结合，例如基于区块链的智能合约与"碳账户"的融合；另一方面，应加强与相关主体的沟通协作，如企业在开发碳核算和核证方法时，需加强与政府主管部门、环卫部门、家庭及个人等的数据共享，保证数据的公开与透明。从安吉县的经验来看，激励模式是生活垃圾资源化减排体系能发挥作用的核心因素，其本质在于运用市场化的手段引导公众采取低碳行为。在安吉县的实践中，为了激励家庭及个人参与资源回收、助力碳减排，"碳积分"的应用提供了商业激励和金融激励，公众可通过"碳积分"兑换实物奖励或服务优惠，也可根据其"碳账户"的情况享受优先贷款等金融服务。

❶ 俞海山，周亚越，刘玉．基于合作治理理论的生态环境保护框架构想 [J]．中共宁波市委党校学报，2018，40（3）：71-76.

❷ 黎炜驰，曾雪兰，梁小燕，卞勇，徐伟嘉，杨乐亮．基于碳普惠制的城市公共自行车个人碳减排量计算 [J]．中国人口·资源与环境，2016，26（12）：103-107.

感　谢

实践的智慧蕴含于具体的情境中，因此本研究基于与多个实践工作者的深度访谈和探讨而成，如果没有他们宝贵的实践探索，我们会感到茫然，不知如何"透过现象看本质"。他们分别是：

浙江省垃圾分类办陈敏；湖州市垃圾分类办的周继姣、卢彬斌、赵鹏杰、朱银莉、史东彦、曹军民、许晓俊；湖州市容环卫中心的曹胜杰、许思、钱学萍；德清县行政执法局的娄海强；德清县垃圾分类办的陈昳丽；德清综合执法局的张宏伟、汪晓骅、虞菊萍、邓超；德清县人武部的姚文权；吴兴区垃圾分类办的章欢欢；湖州城投公司的沈宏明；湖州市农业农村局的邢斌；安吉县垃圾分类办喻凯、黄菽；安吉综合执法局李斌、程双双；安吉虎哥公司许经纬；长兴县垃圾分类办吴丽丽、钱璐；长兴县建设局陈彦名、王陶；长兴县基层干部董瑾、周健、魏东、何晨风；长兴县教育局潘洪勇；长兴县金耀再生资源公司张金晶；浙江欣能再生资源开发有限公司朱蔚、方爱慧。

我们还要感谢浙江省新型重点专业智库"中国政府监管与公共政策研究院"、浙江财经大学中国政府管制研究院对本研究的支持，以及硕士研究生杨凡、董泽典、尹丽桢、胡慧、李欣蓓，他们参与了本课题组相关的实地调研，其中，尹丽桢、胡慧、杨凡还参与了本书稿的部分工作。

特此感谢。

裘丽　颜亮

2022 年 6 月